植物的旅行

［英］约瑟菲娜·赫普
［智］薇薇安·拉文　著
［智］玛利亚·何塞·阿尔塞

赵　术　译

科学普及出版社
·北　京·

图书在版编目（CIP）数据

植物的旅行 /（英）约瑟菲娜·赫普,（智）薇薇安·拉文,（智）玛利亚·何塞·阿尔塞著；赵术译 . -- 北京：科学普及出版社，2022.10

ISBN 978-7-110-10501-6

Ⅰ. ①植… Ⅱ. ①约… ②薇… ③玛… ④赵… Ⅲ. ①植物—普及读物 Ⅳ. ① Q94-49

中国版本图书馆 CIP 数据核字 (2022) 第 162732 号

著作权合同登记号：01-2022-3964

策划编辑　薛菲菲
责任编辑　薛菲菲　王轶杰
版式设计　中文天地
封面设计　中文天地
责任校对　焦　宁
责任印制　李晓霖

出　　版　科学普及出版社
发　　行　中国科学技术出版社有限公司发行部
地　　址　北京市海淀区中关村南大街 16 号
邮　　编　100081
发行电话　010-62173865
传　　真　010-62173081
网　　址　http://www.cspbooks.com.cn

开　　本　710mm × 1000mm　1/16
字　　数　101 千字
印　　张　10.25
版　　次　2022 年 10 月第 1 版
印　　次　2022 年 10 月第 1 次印刷
印　　刷　北京中科印刷有限公司
书　　号　ISBN 978-7-110-10501-6 / Q・278
定　　价　88.00 元

目录

旅程伊始

年近半百的玛格丽特·米（Margaret Mee）第一次来到巴西的亚马孙热带雨林，她的职业是一名艺术教师，出于爱好，她成为一名植物艺术家。她利用学校假期与丈夫一起来到了亚马孙雨林的深处。这对新来的英国夫妇立志寻找那些最耀眼、却最不为人所知的植物，并将它们描绘出来。

那是一种特别的花，一种只在夜间短暂绽放几小时的仙人掌花，它让玛格丽特为之着迷，让她在 30 年的时间里，不顾旅途劳顿，带着画布和画笔，15 次前往巴西的“绿色心脏”。那种让她魂牵梦绕的花名为“月光花”。

1988 年 5 月，79 岁高龄的玛格丽特带着一小队人马，最后一次来到亚马孙热带雨林。她在日记中这样写道：“第一天晚上，我们把吊床挂在树上，不远处是一个迷人的湖。森林中神奇的声音让我无法入眠。湖水中生机盎然，闪亮的鱼儿在水中穿梭如飞，阵阵蛙鸣与夜鸟呖呖的叫声交织呼应，唯有树木静悄悄地森然耸立。”

玛格丽特 · 米
（Margaret Mee）

在那个月圆之夜，亚马孙雨林一片寂静。玛格丽特沉浸在雨林的黑暗中，她坐在一艘摇摇晃晃的小船顶部，已经等待两个多小时。她面前是一株“月光花”——维氏蛇鞭柱（*Selenicereus wittii*），一种仙人掌科的植物。突然，这株植物动了，仿佛在月光下优雅舞动，藏在其内部的花朵开始绽放，同时散发出浓郁的香味，浸染了周围的空气。这是它吸引夜间飞蛾来为其授粉的方式。玛格丽特那天晚上一直在做“月光花”速写，她用画作将这一奇妙的过程记录下来，把“月光花”的秘密公之于众。

玛格丽特是一位真正的植物艺术家，她向世人展示了植物物种最丰富地区之一——亚马孙热带雨林的不为人知的美丽。她对亚马孙盆地的热情和终生牵挂使她成为巴西和全球最具影响力的环保大使之一。

玛丽安 · 诺斯
（Marianne North）

玛丽安 · 诺斯（Marianne North）是英国博物学家和艺术家，为了找寻和记录独一无二的奇特植物物种，她周游世界。她不是19世纪中叶英国社会中典型的衣着讲究的女士。她将热情投放在与大自然面对面的接触中。她的画作不同于当时的其他植物艺术家的作品，具有鲜艳的色彩和充满活力的笔触，并因此被指责为过于情感化和不科学。然而，无论是伦敦上流社会的流言蜚语，还是飘逸的维多利亚式服饰，都没能成为她与蓝花龙舌凤梨（*Puya azul*）相遇的阻碍。那是一个与她一样独特的物种。她骑在骡子的背上，在南美洲安第斯山脉两千多米高的地方，终于见到了那夺目的花序。直到今天，那幅蓝色穗状花序的画像依然闪耀在玛丽安 · 诺斯所指定的显眼位置，在英国伦敦著名的皇家植物园——邱园中，从数千件令人震撼的收藏品中脱颖而出。

植物的世界迷人而多样。这是一个值得长途跋涉去探索的世界，正如我们为大家呈现出的这次旅程一样；这是一次由第一批寻找食物和住所的人类开启的长途旅行，驱使着几千年前的第一批探险家，去寻找植物的踪迹，或将其作为食物，或用其调味饮食和改善空气，或用它们治愈疾病，抑或只是简简单单地欣赏它们的美丽。许多植物就这样被保存在了科学家和博物学家的文件夹中，随后被收藏在研究院或者植物标本室。还有些植物则被不同社群的人们口口相传，在讲述中留存下与这些植物的共生之道，以及从这些植物身上提取其精华物质的方法。还有许多其他植物，至今还与我们生活息息相关，存在于我们的食物、药品、衣服、物件以及色彩中。

新型冠状病毒肺炎疫情是 21 世纪第一次全球性的疫情，这本书正是在这一背景下诞生的。疫情让居住在人口密集的城市中的我们观察到，无论发生什么，大自然依然从容，那些生长在雨林、山区、田野、花园以及我们阳台的花草树木，它们作为这个星球的原始的、古老的居民，仍然遵循着自然规律，生生不息。

尽管受到疫情封锁的限制，我们三位女性依然决定继续我们的旅程。而事实证明，这次旅程成为我们人生中最非凡、最快乐的经历。我们三个人，一位植物学家、一位插画家和一位记者，就这样在这些女性前辈自然之旅的启发下，在她们对自然环境的情感和觉悟的影响中，出发了。

美是令人愉悦的。植物插画是一门让我们得以切身感受植物世界的艺术，它也是一份科学记录，为植物学家和学者提供任何技术、设备都无法复制的微妙而精确的表述。因此，我们用植物插画来记录我们的旅程，并不是出于那被抨击的所谓的女性的一时冲动。

本书中的植物插画都是水彩画。这是一种古老而尊贵的绘画艺术，其来源是水，其原材料是土壤提供给我

们的矿物质、植物细胞以及美妙的色彩。这是一门需要精雕细琢的艺术。水彩需要分层绘画，一层一层地用湿润的笔触上色，逐渐达到想要的色彩和色调，并最终赋予植物标本全新的、更持久的生命。

为了追求色彩的完美，需要不断尝试。一张张棉纸上留下了无数色彩斑斓的印记，为了愉悦而平和地将画作完成，每次都要从最基本的颜色开始调色，因此，过程可能很艰难。画作所选择的三种颜色为蓝色、黄色和红色，这三种颜色混合搭配，可以呈现无数种不同的颜色。基于这三种颜色，本书中的画作展示了多重色彩，将不同物种的植物插图绘制得惟妙惟肖。

植物的色彩魅力无穷，让我们甚至忘记了它们背负的使命：或是吸引某些特定的授粉者前来授粉，或是负责将光转化成整个生物链中的食物。植物色彩的对称、质地和功能表明，在植物的"原始设计"中，美学占据着中心位置。就仿佛有人梦见了"美丽"和"慷慨"这两个美好的词汇，醒来时其手中正握着植物的种子。

"似乎与我们一样，植物也有自己的想法。它们探索同样的黑暗，面对同样的困难，感受同样的恶意，开拓同样的未知世界。它们了解同样的法则，经历同样的失望，赢得同样缓慢而艰难的胜利。好像它们也和我们一样，有着同样的耐心，同样的毅力，同样的自怜，同样细致入微的智慧和几乎同样的希望和理想。"比利时散文家和剧作家莫里斯·梅特林克（Maurice Maeterlinck）在一个多世纪前写下了这段话，如今依然适用。

本书旨在缓解艺术和科学之间由来已久的紧张气氛，让我们在惊叹于大自然鬼斧神工的形状和色彩的同时，亲近自然，也牢记我们最主要的使命：向自然学习，并倾听它在气候危机中对我们的呼唤。

“我们的疏忽和破坏行为会进入地球的巨大循环中，并随着时间的推移，再次反映到我们自身，给我们带来危险。”

蕾切尔·卡逊
（Rachel Carson）

这是生物学家蕾切尔·卡逊（Rachel Carson）于20世纪60年代在美国国会前发出的警告。她曾被斥责是情绪化且歇斯底里的作家，然而，她的著作《寂静的春天》（*Silent Spring*）使她成了20世纪第一位出版自然科学畅销书的女作家。面对因滥用杀虫剂DDT而带来的危机，她倡议保护环境，这奠定了生态保护运动的基础。她研究了与人类健康息息相关的农药、杀虫剂和食品生产中使用的所有化学物质。她在56岁时因癌症去世。

追寻着这些先驱们的脚步，许多勇敢而敏感的女性将她们的事业发扬光大，比如范达娜·席瓦（Vandana Shiva）。这位印度环境哲学家在1982年创立了“九种基金会”（Naydanya），该组织由生态学家和农民组成，旨在拯救和保护因转基因产业的出现而面临风险的农作物。

范达娜·席瓦
（Vandana Shiva）

“种子即生命，生命即自由。”这位在1993年获得了“诺贝尔替代奖”[1]的印度哲学家和作家如是说。她补充道：“生态女性主义就是接受生命来自地球，且生命由女性维持这一观点。带我们摆脱这场危机的将是女性，因为女性有耐力，她们如同带我们逃离气候变化的地球母亲一般坚韧。”

智利人类学家希梅纳·赫雷兹（Jimena Jerez）在一个名为蒙特贝尔德（Monte Verde）的地方研究美洲最古老的人类

1 “诺贝尔替代奖”即“正确生活方式奖”，也被称为“诺贝尔环境奖”。——译者注

存在。18000 年前，那里的居民就已经将植物进行药用。“要了解一种植物，就必须仔细观察它的外观、环境、颜色以及它对周围环境的影响方式。”这位民族植物学家一直致力于汇编关于南半球植物的祖传知识和文化符号。我们也想借《植物的旅行》一书，将一些物种的药用价值或文化用途展示出来，正是这些物种把我们和我们不想遗忘的古老知识联系起来。

在这本《植物的旅行》中，我们将逐一领略那些植物的风采，探索关于它们的百科知识和奇思妙想，欣赏它们的极致美丽和巨大反差。

旅行的植物是那些原本生长在一片土地上，却突然在另外一片土地上生根发芽的植物。它们把自己的种子变成了航空器，甚至是炮弹，或者将种子附着在其他可移动的生物身上，来逃离家园。.

美丽不是纯真的象征，许多植物可以导致死亡，这是用来抵御捕食者的方法。然而，并不是所有人都知道在他们的花园里有些物种需要被敬畏，对待它们的时候要小心，我们称这些植物为危险的植物。

有些植物是真正的模仿艺术家。它们可以欺骗授粉者，使其相信它们是确保其繁衍的关键。还有些植物，可以伪装成其他生物王国的物种，来转移对手的注意力。这些是骗人的植物。

我们把一些植物归类为叛逆的植物。它们或者由于具备某些特质，从而使自身结构完善，直到脱离土壤，像鸟儿一样停留在空中，或者假装死亡，等待如甘露般的雨水从天而降，使其复活。还有最好战的植物，它们唯一的目的就是入侵其他物种的空间。

“植物智商”使它们意识到它们被禁锢在土地上，为此一些植物进化出香气、颜色、形状，甚至是攻击性的动作，以便获取食物、延续物种生存。我们称这些植物为饥饿的植物。

最后，我们称某些极为吸引我们的植物物种为离奇的植物，它们单单是存在都让人眼花缭乱。

玛利亚·格雷厄姆（Maria Graham）

“对植物学知之甚少令我难过，因为我真的非常热爱植物。我很高兴看到它们的生长，很欣喜能了解它们的来源和用途；但我认为植物命名法的存在却让人们无法真正全面了解自然界中这最美的一类事物。那些晦涩难懂的词汇与玫瑰、茉莉、紫罗兰等令人愉快的事物有什么联系?”玛利亚·格雷厄姆（Maria Graham）是一位英国女性，她在19世纪游览了南美洲，并在她的日记中陈述了这一大家心知肚明却并未说破的事实——植物的科学名称和科属令人难以理解。满怀对植物的热爱，我们在这本书中也附上了植物的科学名称。它们更加严谨和精准，使得那些对某种植物着迷的读者可以调查和了解更多关于它的信息。为此，我们还在这次旅程的最后附上了本书中所提到的每个植物物种的科学资料卡片、参考文献列表、参考书目和一张显示植物无国界的分布图。

“植物智商”让植物们懂得如何互相尊重和如何共同生活。这本书为人类向植物学习提供了一种可能。

我们期待诸位可以享受手中的这次旅程。

女人与对土地的依恋：男人似乎很容易失去对土地的情感，而女人对土地却始终忠虔。距离遥远、岁月变迁，我们的土著特征却愈发明显。

——加夫列拉·米斯特拉尔（Gabriela Mistral）

（1945 年诺贝尔文学奖获得者）

旅行的植物

有些植物启发人类去寻找；还有些植物，
虽然没有脚或翅膀，却可以迁移。

我们等了将近两个小时，那些花苞却丝毫未变。洪泛森林一片寂静，只有瀑布的流水声和夜行动物偶尔发出的窸窸窣窣的声响：这里所有的居住者都会游泳或者攀爬。当我站在那里，周围是森林昏暗的轮廓，我仿佛着魔般欣喜。然后，第一片花瓣开始动了，接着是另一片，这朵花忽然绽放出生命的光彩，花开得非常快。

——玛格丽特·米（Margaret Mee）

如果有人认为植物注定一直停留在它们发芽的那片土地上，那就错了。

它们的确没有脚或翅膀。但我们不能忘了它们有着特别的构造，使它们得以迁移，或者至少可以“说服”其他生命来进行一次共同的旅行。这个重要构造就是果实。果实的作用正是去到那些更有利于种子发芽和生长的地方。有一些种子就留在其母本旁，可能是由于懒惰，也可能是出于孝心，它们会在赋予其生命的那株植物旁发芽。另一些种子会就近安顿，在其母本周围独立安居，仿佛在向世界昭示它们同属一家。此外，还有一些种子，它们生来具备风之精神，游荡四方、长途征战。那些最坚强的种子将可以在未知的土地上生长，组成新的植物群落。

不同植物的生存环境不同，且还有许多环境等待它们征服，因而它们的迁移方法多种多样。这些“旅行”方式令人称奇，也曾被人类学习。一代又一代的人类由于渴望了解地球、开拓土地，同

样具有长途跋涉精神。植物借助种子或果实，从水路、陆路、空中，或作为偷渡者，或依靠自己，一直在不停地旅行。就像本书选取的植物所展示的，它们从来不缺少创造力。

我们或许可以称这些旅行植物为逍遥植物，它们让人想起古希腊哲学家亚里士多德建立的逍遥学派。这一学派的弟子被称为逍遥哲学家，因为他们一边行走，一边思考。历史上另一类伟大的行者是印加信使，他们穿越整个印加帝国传递消息，而他们一定也在行囊中装进了种子，用来进行交换。

逍遥植物或印加信使，植物启发了人们出发去寻找它们，因为他们认识到了植物在不同方面的价值，又或者只是因为，只有认识植物、了解植物，他们才能理解生命。

与植物世界的相遇令人心驰神往，这份热情洋溢在本书的每一页。

药用蒲公英

Taraxacum officinale

药用蒲公英用途广泛，既可食用，也可产蜜，或者说，它是蜂蜜的一个来源，但它最大的特点是能让人产生梦想——它是愿望之花。孩提时期，我们曾把梦想寄托在它们身上。那时，无论我们身在何处，总有一株蒲公英提醒我们：可以吹散它的种子，许下愿望。蒲公英在世界范围内普遍存在，这是由于它的果实带有冠毛，这些冠毛可以轻而易举地飘在空中，让种子得以远距离散播。蒲公英是一种乡野植物，可以在任何地方生长，然而把它绘制出来却并非易事。因为我们是在白色背景上作画，描绘出蒲公英种子绒球那明亮而轻盈的感觉成为一大挑战。

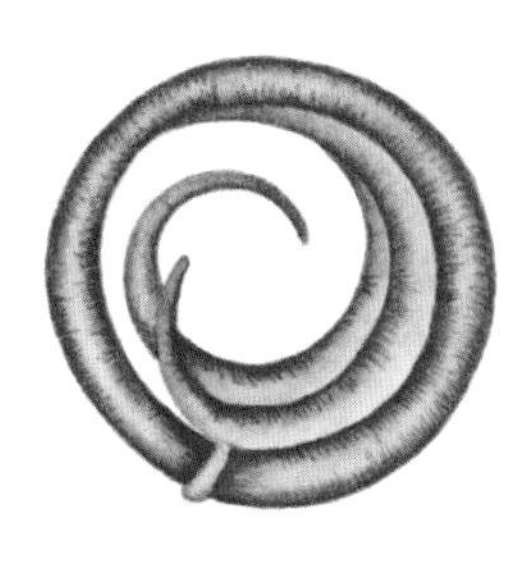

山羊角[1]

Skytanthus acutus

山羊角的果实形状非常特殊，呈圆柱形。当果实成熟时，会像山羊的角一样卷曲，这样它就可以随风翻滚，直到勾住其他植物，或者找到生根发芽的地方。这也是其俗称“山羊角”的由来。我们的插画师详细地描绘了其果实的变化过程：最初为绿色可延展结构，逐渐硬化并出现微红色调，直到呈现出化石状态，就像散落在荒漠中的咖啡色犄角化石一般。别看其外表毫无生气，事实表明，它内部蕴藏着巨大的生命力，使得它得以穿过世界上最干旱的沙漠——智利的阿塔卡玛沙漠，传播它的种子。

1　山羊角，为夹竹桃科羊角竹桃属植物。——译者注

花菱草

Eschscholzia californica

据说，花菱草是通过把小种子混在小麦或其他谷物中偷偷旅行的；也有人说是一个美国人沿着智利的火车轨道撒下了它的种子；还有人相信它是被人有意种植的，为了用它结实的根系加固铁路线旁的土地。花菱草是昭示春天开始的花朵，早早宣布春天的到来。其颜色很有特点——醒目的印度黄。它日间开放，夜间闭合，仿若舞动它美丽的花瓣来向太阳致敬。

维氏蛇鞭柱

Selenicereus wittii

对于维氏蛇鞭柱来说，旅行的不是这种植物，而是玛格丽特·米。这位英国植物插画家和巴西亚马孙热带雨林植物专家历经 30 年才找到了它。当玛格丽特终于观察到半夜盛开的维氏蛇鞭柱时，她已经年近八旬。整整几个小时，玛格丽特用颜料在画布上描绘了这种稀有的仙人掌：茎扁平，附生其他植物，颜色由绿变红。玛格丽特在日记中写道，这种植物最奇特的地方在于其花朵会突然、迅速而壮观地盛开，香气馥郁，似在找寻月光。它这一奇特行为是为了吸引夜蛾为其授粉。每个月光皎洁的夜晚，玛格丽特的记忆都会在我们心中绽放。

天仙子

Hyoscyamus niger

关于这种植物，流传着许多故事和传说，内容从希腊人到中世纪女巫。这种植物似乎会产生麻醉效果，让人有一种飞起来的感觉，但它也可以致人死亡。与其他茄科植物一样，它含有一种叫作东莨菪碱的成分，可以用来预防和治疗体位性眩晕和恶心，但必须在医生的监督下少量使用，否则会带来危险甚至致命。其花朵非常美丽，具有非常特别的网状纹理。

旅行的果实
（播种便览）

我们在此为您呈现一系列植物，它们拥有最具想象力的迁移手段，借助它们自己或者其他生物的力量来移动。无论以何种方式，对于这些逍遥植物来说，最重要的是旅行。

1. 黑莓

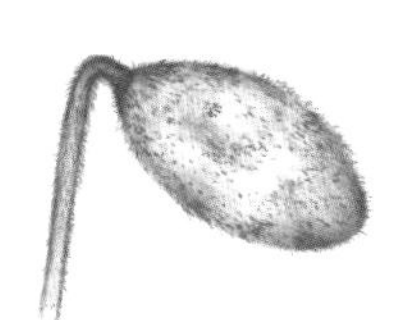

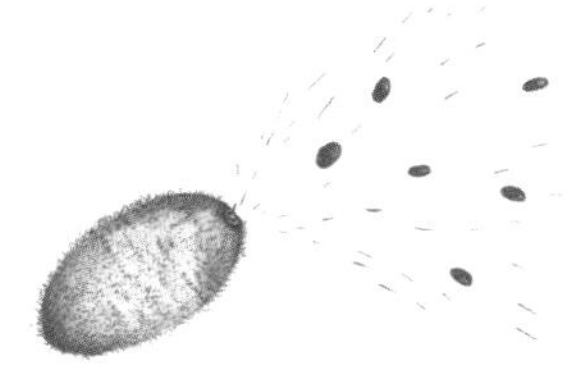

3. 喷瓜

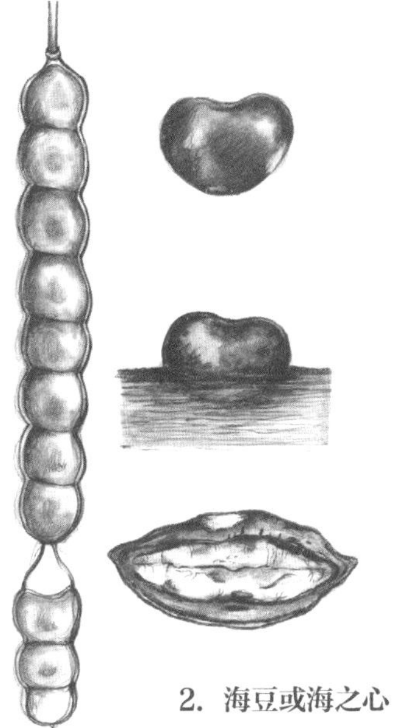

2. 海豆或海之心

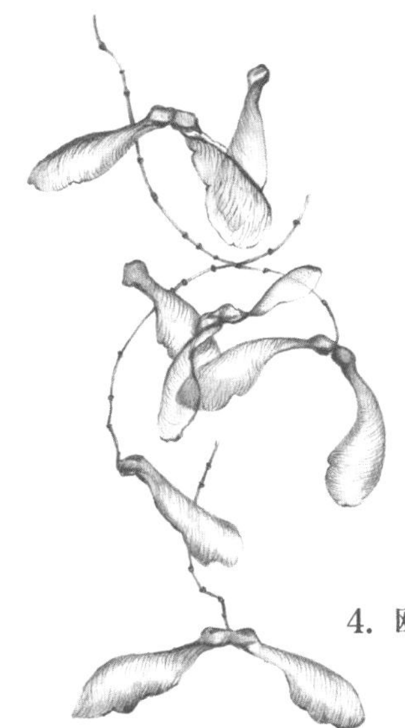

4. 欧亚槭

1.

许多鸟类和其他动物以食用植物为生。因此，一次植物旅行的终点实际上可能意味着另一个旅行开始：果实被食草动物吃掉，在经历肠胃的消化后，在它们被排出肠道的那一刻重见光明。就这样，种子散落在不同地方，时刻准备发芽！某些果实成熟时会用颜色向动物们发出信号，比如榆叶黑莓（*Rubus ulmifolius*），俗称黑莓或欧洲黑莓，当它们呈现出紫色时，是最佳享用时机。

2.

航海并不是人类智慧的产物。很久以前，就有种子凭借其特殊的构造，漂浮在水上，长途跋涉。就像巨榼藤（*Entada gigas*），俗称海豆或海之心。这种植物果实很长，可达2米，豆荚内部含有种子，种子含有一个空腔，使它们可以漂浮在水面。它们就像是驾驶着一艘神奇的小船，耐心地顺流而下，去往大自然指引的地方。这种植物给人类上了一堂生动的生命课程。

3.

宇宙中某些恒星会经历剧烈的爆炸，这一现象被称为超新星。超新星是这些恒星演化近末期或在生命最后时刻的爆发。超新星会释放出原子核，这些原子核之后又会构成新的恒星和星体。此外，超新星还是多种化学元素的主要来源，为行星的诞生和其中可能存在的生命提供了物质基础。喷瓜（*Ecballium elaterium*）让我们想起了超新星。因其果实内部某些成分高度聚集，形成内部压力，爆发时可以将种子喷出几米远，仿佛要冲破天际。宇宙万物，循环往复。

4.

欧亚槭（*Acer pseudoplatanus*），又称岩枫，以在空中画圈飞行的方式，在短距离内散播种子，就像直升机或是正在神秘舞蹈的苦行僧一样。

5. 卵叶刺果薇

5.

有些植物是高明的战略家，比如卵叶刺果薇（*Acaena ovalifolia*），它们选择成为旅客，或钩在动物的皮肤、纤维和毛发上，或钩在人类的衣服上，来寻找适合发芽的地方。为此，它们长着可以黏附在纤维上的鱼钩样的小钩子。

6.

有些植物会借助风能，就像山羊角，它将果实塑造成圆形，方便它们被风卷走，随风滚动，闯荡四方。

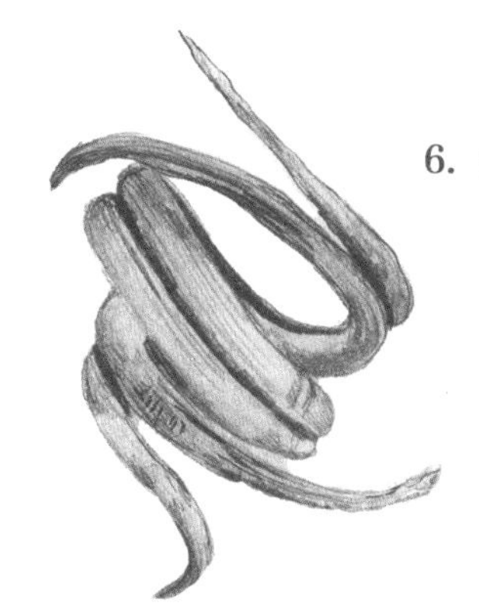

6. 山羊角

7. 药用蒲公英

7.

药用蒲公英，别名蒲公英或狮牙草。它们迎风招展，因为知道风会将它们小小的冠毛吹到空中，带着它们长途跋涉，直到落地生根发芽。

危险的植物

危险的植物能致人死亡，人们可以通过颜色和特征来辨别它们。

大自然赋予景色以千变万化，然而人类却热衷于使其简化。

——蕾切尔·卡逊（Rachel Carson）

生存看似很简单。但事实上，我们所有生活在这个星球上的居民都是幸存者。对于植物来说，它们被禁锢在土地上，这使得它们必须利用策略保护自己，使自己免于成为动物、昆虫或人类的食物，或者沦为他们的庇护所。

经过数百万年的进化，伴随着数次失败与成功，植物开创了一条属于它们自己的环境适应之路，最终拥有了我们今天所看到的形态和特征。在生存的试错练习中，“植物智商”已经开发出远远超越简单防御的机制，使得某些植物成为致命利器。

乍一看，它们美丽无害，然而对人类来说，大量植物是有毒或含有毒素的。这一特征也有好的一面：那些有毒物质可能用来缓解不适或治疗疾病。这类知识通常是祖传秘方，被治愈的人将其记下来，并通过口述代代相传。当然，也有一些知识是由当今药物化学家科学研究所得。

在寻找危险植物的旅程中，我们发现它们遍布世界各地。许多危险植物可以通过其鲜艳的色彩和特别的形状辨认出来。这些色彩和形状仿佛在向我们告知它们的危险性。

蓖麻

Ricinus communis

蓖麻是一种常见植物，自古以来就为人所知，我们几乎在世界各地都能见到它的身影。它颜色鲜艳、十分美丽，虽被证明具有毒性，但许多人依然选择用它来装饰花园。蓖麻含有一种叫作蓖麻毒素的有毒蛋白质。这种毒素在整株植物中都可以被找到，但主要集中在种子里。5 颗种子中含有的蓖麻毒素足以杀死一个成年人。而蓖麻油中的毒素含量较少，有许多有益的用途。绘制蓖麻并不简单，是一项要求繁复的工作。它的色彩饱和度高，极为考验调色的准确度：一个个小小的球形带着软刺的蒴果，呈现出泛着磷光的红色、紫红色和橙色，与其叶片的绿色形成鲜明的对比。

曼陀罗

Datura stramonium

曼陀罗的学名源于印地语 *dhatura* 一词，意为“带刺的苹果”，这是由其果实形状而得名的。曼陀罗是一种世界性的植物，如今在地球上的每个角落都可以见到它的身影，这是因为它从不错过任何机会，在所有可能的地方安顿下来。然而，并不是所有人都知道它的叶片和种子中所隐藏的巨大秘密：高剂量的生物碱——对中枢及周围神经具有刺激作用的有机化合物。因此，它是一种可以致命的强大致幻剂。自古以来，曼陀罗就一直是巫术仪式和驱魔仪式的常用品。危险与否的关键在于用量以及使用它的目的。

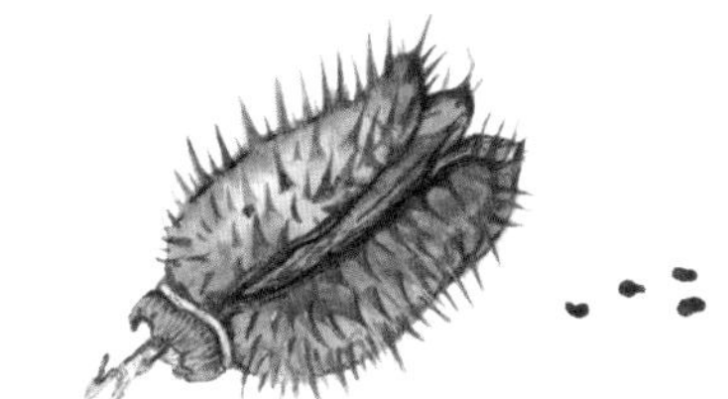

毛地黄

Digitalis purpurea

确切来讲，毛地黄学名中的 *purpurea* 一词，是指其美丽花朵的鲜艳颜色，不仅有紫红色的，还有粉红色的、橙色的、天蓝色的、黄色的，等等。毛地黄的花和叶中含有一种叫作洋地黄毒苷的强大毒素，这种毒素可以对人类的心脏造成影响。因此，它可以成为一个绝佳的治疗成分，也可以成为一种致命配方，全由配药师的经验、知识而定。我们想通过其醒目的紫色来反映出它的毒性，因此用黑白色调绘制了这种植物的其他细节部分。虽然毛地黄看起来无害，常隐匿于田野间，但是动物见到它都会明智地躲开。

罂粟

Papaver somniferum

罂粟自古以来就被人类种植，而它的种植者们一定很早就发现了它的半成熟果实中含有的乳状分泌物，这种物质可以用来制造吗啡——治疗疼痛的最强药物。但它也有不好的一面：它是生产海洛因的原材料，而海洛因是世界上最容易上瘾的毒品之一。无论是为了治疗疼痛还是产生幻觉，错误的用量都可能导致死亡。

罂粟的形态也让人着迷。它有着优雅的茎干，种子和花瓣完美地排列组合在一起，再加上其花朵耀目的紫红色，即使是最心不在焉的观赏者，也会被其深深吸引。

秋茄参（曼德拉草）

Mandragora autumnalis

秋茄参还有个名字，叫曼德拉草，这个名字充满异域风情，仿佛它是来自另一个世界的生物，同时也提示着它可能会造成的伤害。它可致死，亦可治愈，因而在古代，它既被用于黑魔法，也被用于白魔法。它埋藏在地下的根出土后会呈现出类似于双腿的形态，散发着神秘和危险的气息。秋茄参整株植物都有毒，尤其是根部，具有致幻和麻醉的特效。它非常美丽，但如果作为观赏植物来栽培，操作时需要格外小心、谨慎。

白果类叶升麻（娃娃眼）

Actaea pachypoda

白果类叶升麻学名中 *pachypoda* 一词的意思是“有着粗茎的根部”。正如其学名所描述的那样，这种植物有着鲜艳的粉红色粗茎，与它眼球形状的白色果实形成强烈对比，再加上它体内所含有的毒素，使整株植物散发出一种邪恶的气息。它曾被印第安人作为药物使用，例如用于被蛇咬后的治疗。只看它的颜色，我们就能发现，这种植物经历了许多次战略性地进化才拥有了这样奇特的形态。描绘这株植物的难点是，要仅用水和灰色，画出一株正在盯着我们看的散发着危险气息的黑白娃娃眼。

夹竹桃

Nerium oleander

现如今，在世界的任何地方都很容易找到这种植物。夹竹桃整株植物含有剧毒，即使少量摄入，也会对人类的心脏造成损伤。它外表无害，尤其对小孩子来说具有欺骗性。它是世界上普遍使用的观赏植物，因此我们要学会辨认和重视它。曾经有人因为吃了用夹竹桃树枝串成的肉串而严重中毒，还有人因为把它和其他植物混淆，用它的叶子泡茶而导致严重中毒。

毒参

Conium maculatum

毒参遍布世界各地，尤其是在荒无人烟的路边和土地上，好像想警告我们它可不是用来玩的。它的每个伞形花序都由白色的小花组成，需要用铅笔精致地描绘出来。毒参整棵植物都含有剧毒化合物，可阻断神经传递，其致死率史上有名。提到毒参，我们怎能忘记命途多舛的苏格拉底：他敏锐的思维引起了古希腊当局者的不满，最终他被带上法庭，并被判处死刑，这位思想家就这样喝下毒参茶而亡。

骗人的植物

它们利用陷阱和伪装得偿所愿。

要了解一种植物，就必须仔细观察它的外观、环境、颜色以及它对周围环境的影响方式。

——希梅纳 · 赫雷兹（Jimena Jerez）

这场旅行是一次漫长的对话，在这个过程中，植物有时会让我们感到迷惑。这让我们想起了一个术语"空想性错视"（pareidolia），这是一种在不可能的环境中识别出熟悉事物的心理现象，比如那个我们认为在山顶上看到的亲人的身影，或者在云中看到的我们最喜爱的动物的轮廓。

这种在不可能的地方识别出我们亲近的人或物的现象也发生在昆虫身上，而植物仿佛洞悉一切，它们利用这种吸引力，通过改变它们的形状或其他看似基本的特征，以假乱真，来混淆昆虫的视听、欺骗它们，完成传花授粉。这是因为，对于植物生存来说，最重要的是需要同物种个体间进行花粉交换，于是它们利用让昆虫无法抗拒的冲动来达成目的。为此，它们会根据昆虫的喜好来产生香气或者臭气。提到气味，植物和它们的花朵向它们的传粉者馈赠了最美妙的香气，顺便也把香味赠予了人类，在这些香气的基础上，人类制造出了香水。但它们也可以散发出对其他生物非常有吸引力的恶臭。

还有些植物恰恰相反，它们为了不被认出和吃掉，改变形状，藏匿身形。一些极个别的植物甚至选择远离植物王国，鄙弃生物世界，让自己看起来像是岩石或是石头，这些植物呈现出矿物质的状态，来避免暴露它们的真实身份。

巨花犀角

Stapelia gigantea

巨花犀角周游世界，直到几乎遍布整个地球。当这种植物需要繁殖时，就会开出星星形状的花朵。然而，吸引苍蝇前来授粉的并不是它的美丽，而是它的质地和它散发出的类似于动物死尸般的气味。苍蝇们会在花朵上狂欢，飞舞盘旋，并产下它们的卵，这样就完成了授粉。

豹皮花

Orbea variegata

虽然豹皮花长着类似于仙人掌的茎干，但是它属于一个截然不同的科属。事实上，它和经常用来装饰花园和公园的夹竹桃以及长春花是近亲。它的花朵长着斑点，这使它成为非常受欢迎的观赏植物。当然，这种植物也会散发出淡淡的腐肉般的气味，来吸引昆虫。

毛犀角

Stapelia hirsute

所有的犀角属（*Stapelia*）植物都会采取相似的策略：它们会散发出腐烂的肉味，这对充当传粉媒介的苍蝇来说极具吸引力。苍蝇们会在花朵上产卵，因为它们认为这样等幼虫孵出之后，就能够以“动物肉”为食。然而事实却是，那些小小的幼虫为了寻找吃的，将不得不在花朵上不停地移动，并持续一段时间。

这些石头植物长得的确像小块的岩石，但它们其实是多肉植物。它们很矮，几乎刚刚冒出地面，因此在捕食者经常寻找食物的地方，它们可以成功躲过那些可能出现的饥饿的昆虫或动物。

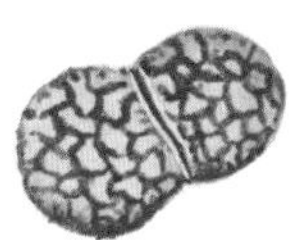

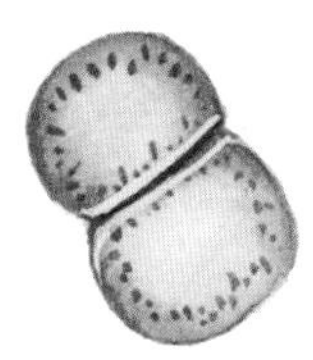

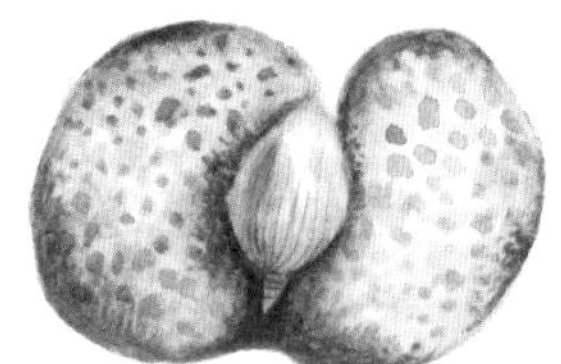

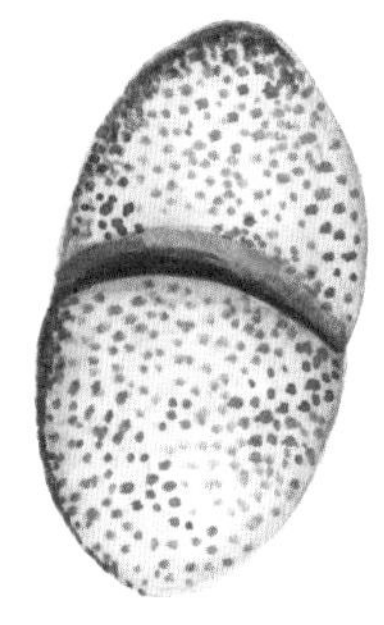

生石花属（*Lithops*）

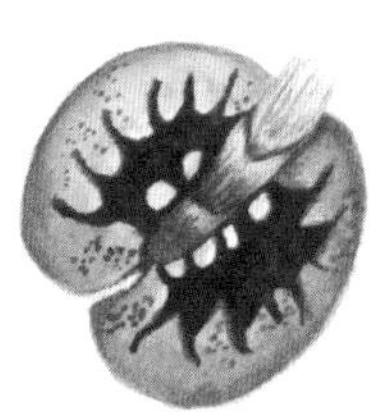

这个名字的字面意思是“石头的形状”。它们可以很好地适应沙漠地区的气候：它们只有两片叶子，用来贮藏水分。每季它们会长出一对新叶，新叶片利用老叶片中储存的水分，在老叶片的内部进行发育。

湿纸着色法这一水彩画技巧非常适合用来绘画这些外表干燥和矿物质化的植物。我们先把白纸浸湿，之后将颜色涂在边缘，来呈现出它们圆滚滚的形状。

魔玉

Lapidaria margaretae

魔玉看起来像一堆发白的石头，从中突然冒出一朵长着许多花瓣的美丽黄花。

天女

Titanopsis calcarea

正如学名中 *calcarea* 一词所描述的那样，天女的确是石灰质的。天女就像一个有生命的石头，其叶片看起来像一块水泥。事实上，它在非洲就被称为“水泥叶”。它的叶片上长有一个个粗糙的小疣状物。从它叶片内部忽而长出的黄色或橙色花朵，就像是它唯一的生命迹象。

五十铃玉

Fenestraria rhopalophylla subsp. aurantiaca

五十铃玉的拉丁学名让人想到 *fenestram* 这个词，在拉丁语中，它的意思是“窗户”。因为这种植物每个叶片的尖端都有一块半透明的区域。它会开出黄色或者白色的花朵。

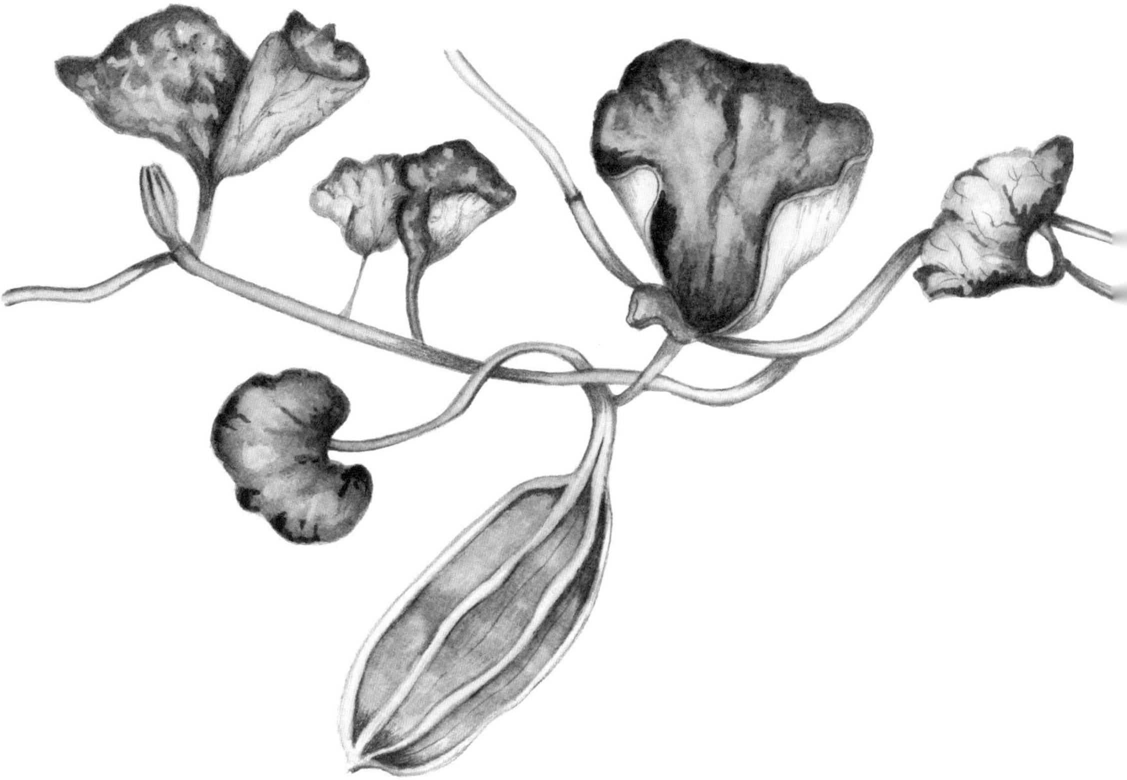

智利马兜铃

Aristolochia chilensis

对人类来说，智利马兜铃的花朵产生的气味相当难闻，但是对于某些昆虫来说，却是无比美妙。比如苍蝇，这种花会让寻找食物的苍蝇感觉它们置身于真正的天堂。实际上，它会变成苍蝇的一个“临时监狱”——向下生长的绒毛，让它看起来好像一只毛茸茸的耳朵，苍蝇会被这些绒毛困住。但这只是暂时的，当雄蕊成熟时，其花粉会沾在苍蝇身上，之后，花朵枯萎。苍蝇就以这种方式为其授粉，然后它们才能重获自由。通常情况下，马兜铃对哺乳动物和昆虫来说，是有毒的，但多点贝凤蝶（*Battus polydamas archidamas*）是个例外，它和马兜铃之间有着紧密关系。这种美丽的蝴蝶在马兜铃中产卵，幼虫孵出后，以马兜铃为食。它们的关系非常特殊，这种蝴蝶因此不用与其他昆虫竞争食物，也不会被捕食，因为食用了马兜铃的蝴蝶同样具有毒性。

我们把这株植物的黑白插图同时分享出来，这样大家就可以更详细地欣赏这种奇妙的小体积匍匐植物，一窥其神秘而危险的生活。

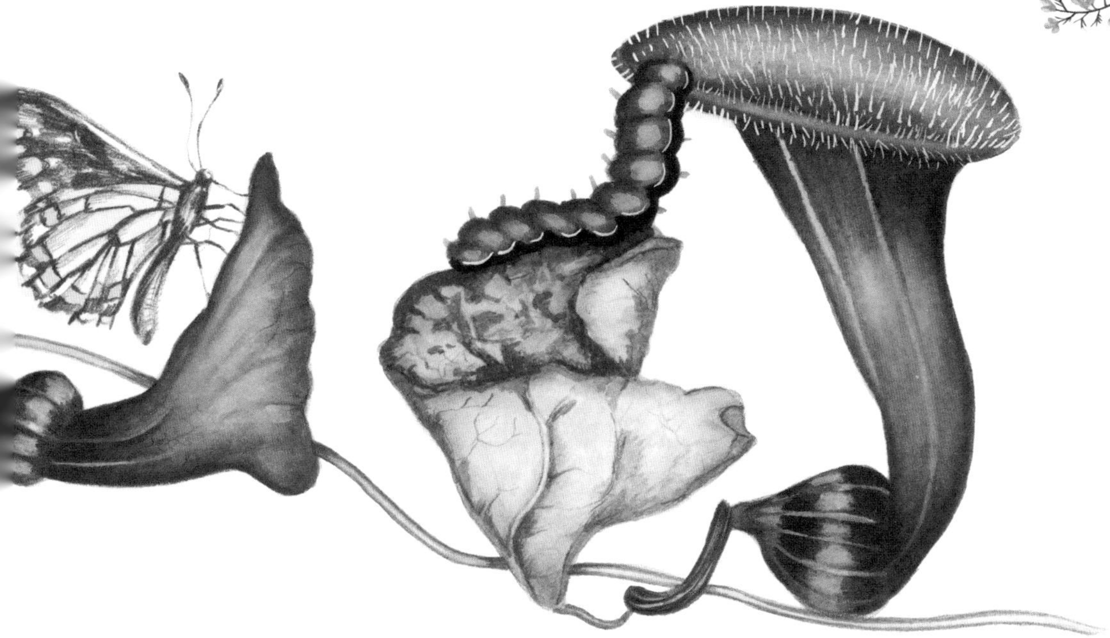

兰花是植物世界T台上闪耀的巨星。它们就像那些优雅的女士，每当进入一个地方，都会引起全场的瞩目，整个世界为之倾倒。它们的花瓣形状精致，颜色鲜艳夺目，色斑分布巧妙，这使它们处于自然时尚的最前沿。它们看起来像是手绘的小型瓷器，对了，它们还是设计师和艺术家的重要灵感来源。

飞鸭兰

Caleana major

飞鸭兰非常有趣，因为它看起来真的像一只会飞的鸭子，但它并没有引起鸟类的注意，而是引起了一种特殊类型的胡蜂的注意，这种胡蜂被它花瓣的形状和颜色疯狂吸引，当然，也对其释放出的信息素或香味着迷，最终成为它的传粉者。

蜂兰

Ophrys apifera

蜂兰比我们可以想象的还要小。在欧洲，这种植物为人熟知。它的骗术很高明，可以呈现出一只雌性西方蜜蜂（*Apis mellifera*）的外观和气味，从而吸引这种蜜蜂的雄蜂，让它们觉得自己正在享受一场热烈、浪漫的恋爱……当雄蜂飞走时，它们身上已经沾满了花粉，之后它们又会在另一朵花中沉迷，就这样完成了所有花朵的授粉。

这种兰花还可以在任何情况下进行自花授粉，这显然要归功于风。它们是当之无愧的“繁衍大师”。

黄蜂兰

Ophrys insectifera

这种兰花在草地、灌木丛和森林中很常见。同其他兰花一样，黄蜂兰也吸引了各种各样的发情期的雄性昆虫，如苍蝇或胡蜂，前来试图与它的花朵交配。

猴面小龙兰

Dracula simia

这种兰花非常奇特：它让人想起猴子的脸。但事实上，它的策略不是吸引猴子，而是吸引苍蝇。表面看来，这种兰花为适应环境而改良了它的花瓣或唇瓣，使它们的形状和气味类似真菌。借此，它们得以吸引到那些世世代代与真菌具有相互关系的双翅目昆虫。它们是当之无愧的“骗术大师”。

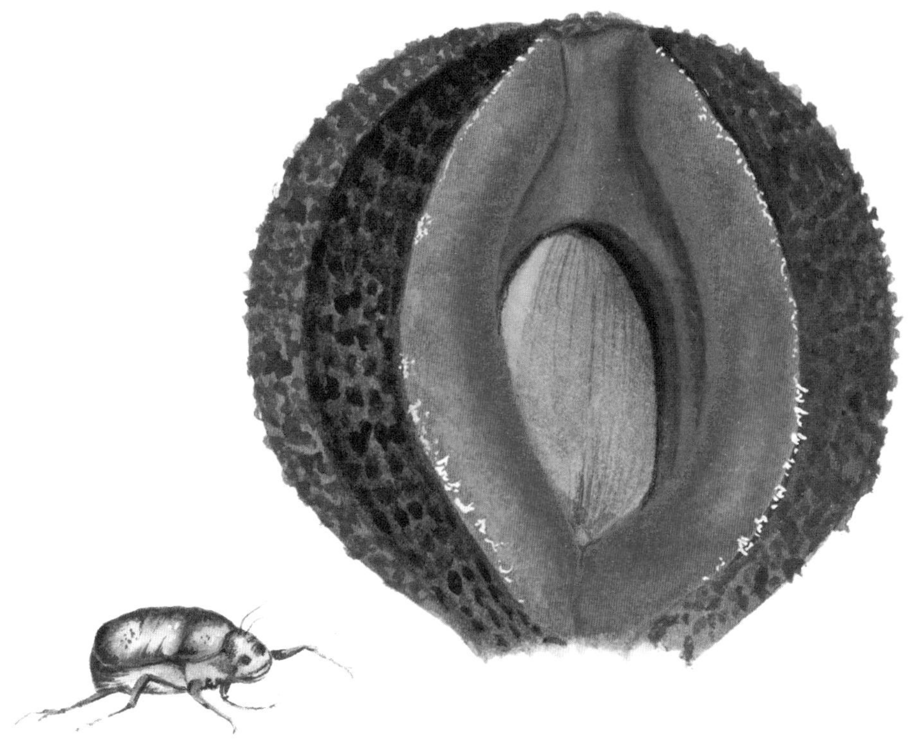

鞭寄生

Hydnora africana

鞭寄生是一种非常奇特的寄生植物——没有叶绿素，且生长在地下。事实上，它看起来几乎不像一株植物。它没有任何种类的叶子，只有一朵带有粪便气味的肉质花朵冒出地面，这朵花生长得非常缓慢，能够吸引蜣螂等甲虫落入它的陷阱。这些昆虫被困在“爱巢”中，只有为其授粉后它们才能活着出来。

北美臭菘

Symplocarpus foetidus

北美臭菘是一种极为引人注目的花，类似于马蹄莲。它的气味很臭，这从它的学名就可以看出来。它可以释放出一种信息素，让苍蝇和蜜蜂为之疯狂，以至于这些昆虫会为了进入这种植物而大打出手。在这个过程中，苍蝇和蜜蜂就为其传了粉。这种植物的气味有个体差异，有些北美臭菘闻起来是大蒜味，而有些是腐肉味。此外，它的花朵可以散发热量，会使那些难闻的化合物挥发，从而更容易散出气味。它的传粉者包括某些种类的苍蝇、蜜蜂以及其他无脊椎动物。也许它们是被可能存在的庇护所和冬日的温暖所吸引——这种花看起来像一个家，但这不是真的家。

从水彩画的角度来看，画这朵花非常费力，因为质地越硬，绘画色彩层次的工作量就越大。从插图中我们可以看到，它的茎干肿胀，但它的花朵不一样，花朵总是非常美丽。

大花草

Rafflesia arnoldii

有些人生来就是为了在生活中脱颖而出，大花草也一样：它一定会出现在任何一本植物集中。它巨大的体积、产生的热量和散发的难闻气味，这些特征都让它很难被忽视。它的气味类似腐肉，这对于某些传粉媒介来说是真正的美味，比如食腐苍蝇。不止这些，它还可以利用其他物种的能量，因为它是一种绝对的寄生植物。它的主要吸引力来自那巨大的花朵，每朵花的重量可超过 10 千克……可谓是巨大的重量呀！

绘制这种植物的难点在于，通过它美丽的色彩来呈现出它对前来寻找“艳遇”的昆虫兄弟们所产生的诱惑力。

避役藤

Boquila trifoliolata

避役藤的高明骗术令人印象深刻。最近有研究表明，它可以模仿其他植物的叶子。通常我们认为这种伪装技术只存在于动物世界中，而正是这种伪装技术让它们得以藏身于智利南部的森林中，不被居住在那里的食草动物发现。

我们在这次旅行中已经看到，避役藤并不是唯一具有这种模仿能力的植物，但令人惊奇的地方在于，它能够模仿诸多植物。比如，它会根据生长环境，来改变叶子的形状、颜色和大小，甚至是叶脉的纹路。对我们来说，绘制这种植物的难点在于画出它施展这种极富挑战的生存艺术的光线和环境。

伪装艺术家

避役藤会爬蔓生长到某些特定植物的枝头，从下面几幅图对比中我们可以看到，其叶片大小和形状的变化。

皮恰皮恰树[1]　　**避役藤**

智利柳番樱属植物（*Myrceugenia planipes*）：叶子简单而细长的树种，叶片富有光泽。

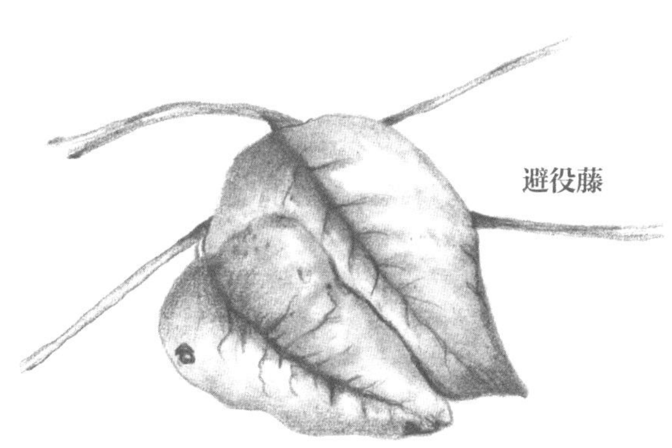

避役藤

多刺针琴木

多刺针琴木（*Rhaphithamnus spinosus*）：树干矮小，叶片呈深绿色，椭圆形，略硬，脉络明显。

1　皮恰皮恰树，音译名，智利柳番樱属植物（*Myrceugenia planipes*），西班牙语名称为 picha-picha 或 pitra。——译者注

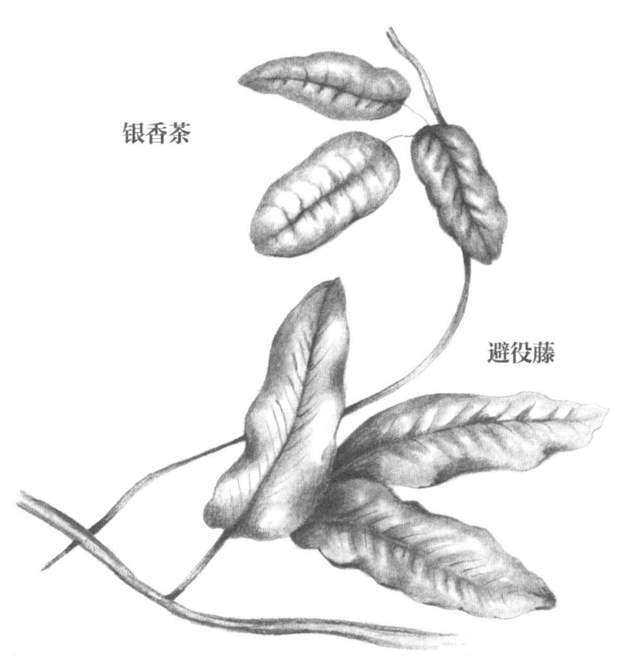

银香茶（*Eucryphia cordifolia*）：树干高大，长着椭圆形对生叶，相邻叶片呈十字形分布。

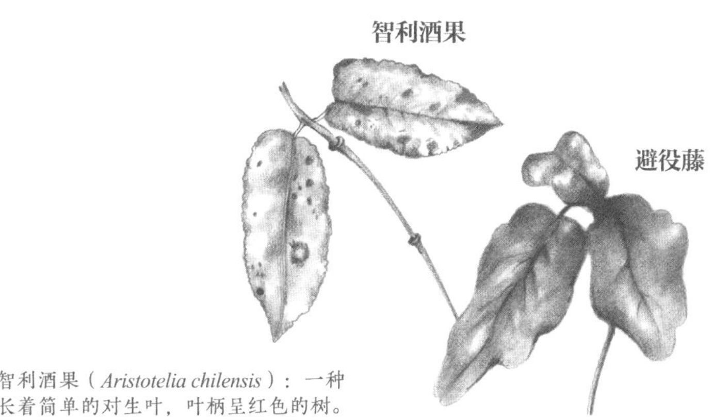

智利酒果（*Aristotelia chilensis*）：一种长着简单的对生叶，叶柄呈红色的树。

叛逆的植物

那些躲避规则的植物：它们不守纪律、顽固，
且具有挑战精神。

我们或者将拥有一个由女性带头与地球和平相处的未来，或者我们人类将根本没有未来。

——范达娜·席瓦（Vandana Shiva）

就像人类有头、躯干、腿和手臂一样，植物也有由根、茎、叶和花（以及之后结出的果实）所组成的基本结构，我们认为这一基本结构是不可改变的。人类脚踏实地生活，植物则把它的根埋入泥土，在土壤里生根发芽。

然而，在这次旅途中的每个转角，大自然都给我们带来惊喜。如果说，有什么东西，是大自然一遍又一遍展示给我们的，那就是它的活力，它持久变化的活力。植物和动物世界有着固定的生存模式和标准，但也充斥着规则之外的特例。

这次旅行邀请诸位读者去拜访那些躲避规则和挑战规则的植物，这些植物违背了我们之前描述的"植物状态"，它们拒绝被限制在单一空间或特定土地中，肆意生长在它们想要生长的地方。

根据某些共同特征，我们把叛逆的植物分成了以下几类：喜欢在空气中生长的植物、没有叶子的植物、被用作战争武器的植物，以及抢占他人领地的植物。

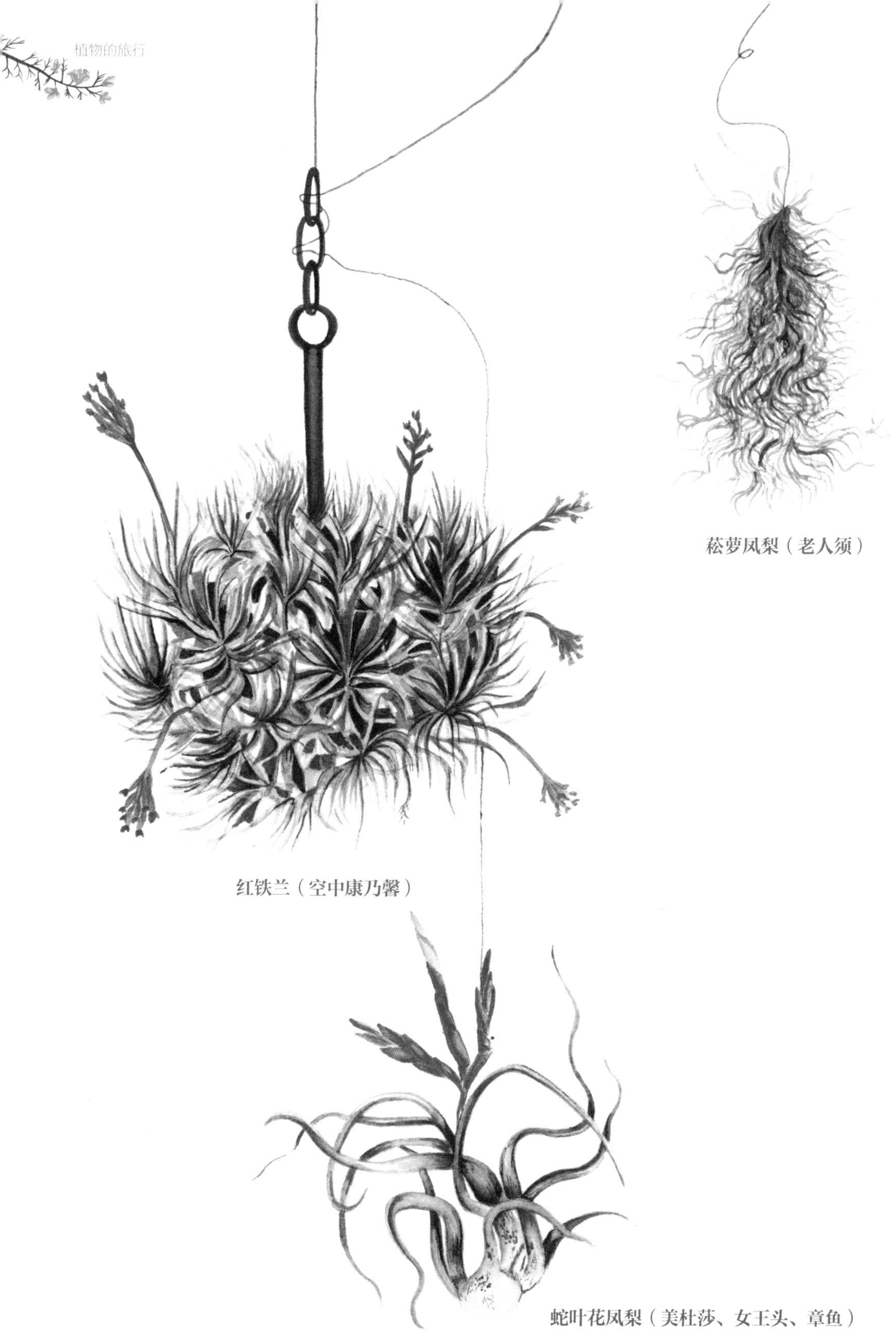

菘萝凤梨（老人须）

红铁兰（空中康乃馨）

蛇叶花凤梨（美杜莎、女王头、章鱼）

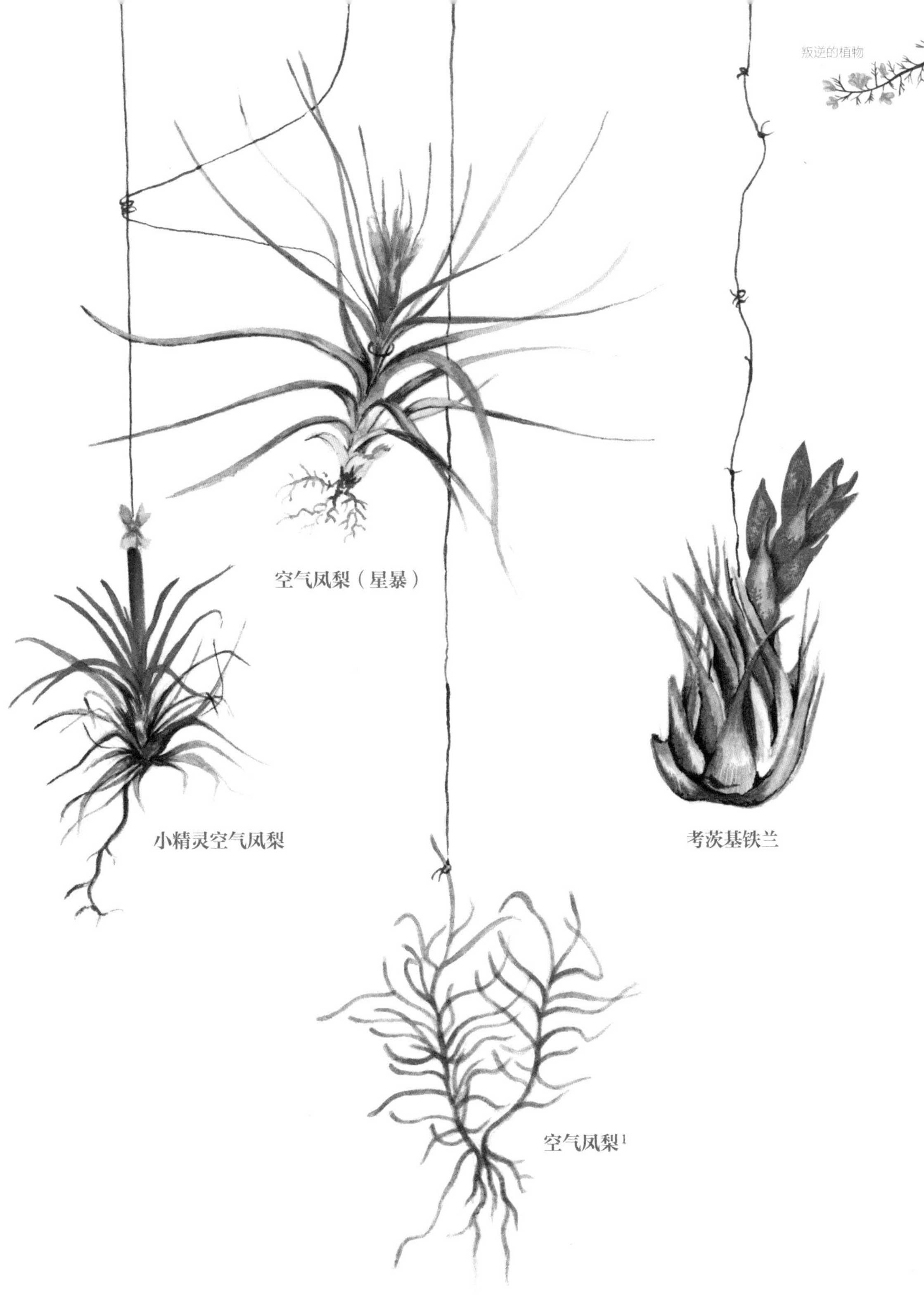

1 空气凤梨，译名，凤梨科铁兰属植物。——译者注

铁兰属（*Tillandsia*）的植物在长辈们的家里常见。它们仿佛被施了魔法一般，挂在金属线上，它们神奇的身影一直留在我们童年的记忆中。因此，我们在展示这些植物时，也画出了我们曾经见到过的悬挂方式：或随意挂在线上，或挂在细铁链上，这取决于它们的主人手头有什么。它们没有功能性的根，只有些细小的根，这些根虽然不能吸收水分和矿物质，但是可以把它们固定到一个基座或其他植物上。想知道它们的秘密吗？它们拥有小小的鳞片或者被称为毛状体的复杂毛发，这使得它们能够吸收环境中的湿气。确切地说，它们呈灰色，只是偶尔会开出一朵鲜艳的花。

菘萝凤梨（老人须）

Tillandsia usneoides

菘萝凤梨像是从一位老先生的胡须上剪下来一般，散发着一种疯狂的气质。它生活在树枝上，依附着树枝，虽然不会杀死这些树木，也不会从树木身上汲取营养，但它会遮挡阳光，因此会妨碍树木的生长。它以悬挂的方式生长在电话线、岩石上，当然也生长在其他树木上。在墨西哥，人们在圣诞节期间用它来装饰耶稣诞生场景。

红铁兰（空中康乃馨）

Tillandsia aeranthos

我们在南锥体[1]的森林和山脉中发现这种悬浮在高处的植物，尤其在多雨的区域。红铁兰生长在其他植物之上，但它不是寄生植物，也就是说，它不是从这些植物中汲取养分，而是从空气中获得养分和赖以生存的水分。它的花朵很美丽，枝叶层叠呈群状团聚在一起，因此，是一种经典的观赏性植物。

蛇叶花凤梨（美杜莎、女王头、章鱼）

Tillandsia caput-medusae

我们喜欢蛇叶花凤梨的拉丁名字，因为里面提到了古希腊神话中的蛇发女妖美杜莎，生动、形象。我们也很喜欢它艳丽的花朵，有着中美洲和墨西哥独特的色彩，就好像它想装作那些看到它悬在高处的人们的衣服。

1　南锥体指南美洲位于南回归线以南的地区。——译者注

小精灵空气凤梨

Tillandsia ionantha

小精灵空气凤梨非常小，是单次结实植物，这意味着它一生只开一次花、结一次果实，在这之后，它就会消逝。但并非一切就到此为止，它还可以生出横向的新芽，继续着生命的循环往复。在开花的时候，这种植物中间的叶片变红，从而吸引更多授粉者的注意力。众多授粉者中最引人注目的当属蜂鸟。

这种植物原产于中美洲，生长在树木最高的枝头上，就像是在为自由而呐喊。

空气凤梨

Tillandsia landbeckii

这种植物生活在地球上最干燥的地方——阿塔卡马沙漠。在那里，它以延绵的“垫子”形态分布于沙子之上，它们可以轻易地与地表分开，且不会失去生命。虽然它生活在地球最干燥的土壤上，但其活得悠然自得，这是因为它知道，每天早上被称为“浓湿雾”（camanchaca）的沿海雾会到来，这是这个地方独有的神秘而浓烈的海洋雾，它可以使空气湿润，而这种植物就从湿润的空气中吸收水分。

空气凤梨（星暴）

Tillandsia brachycaulos × Tillandsia schiedeana

实际上，它是贝可利铁兰（*Tillandsia brachycaulos*）和琥珀铁兰（*Tillandsia schiedeana*）的杂交品种。由于其形状特殊，如风车状，叶子轻薄而坚硬，因此是最受喜爱的家庭栽培植物。

考茨基铁兰

Tillandsia kautskyi

考茨基铁兰是一种小而密集的附生植物，仅生长在巴西，但可以在其他地方种植。在它的自然栖息地中，它生长在潮湿的山区森林中的树上。如果是家庭种植，需要为它提供充足的湿度。我们选择画出它开花的形态，来欣赏其花朵与叶子所呈现出的鲜明对比。

仙钗寄生

Tristerix aphyllus

仙钗寄生是智利的特有物种，常寄生在一种叫作锦鸡龙（*Echinopsis chiloensis*）的仙人掌上，从中获取其所需的养分。也正因如此，锦鸡龙在植物世界拥有了寄主植物的地位。仙钗寄生在其寄主身上显得尤其耀眼，因为它没有叶片（只是小小的鳞片），仅由花朵和果实组成。这也是为什么有些人被其欺骗，认为这些花是由仙人掌开出的。实际上，有一种叫作智利小嘲鸫（*Mimus thenca*）的鸟类，它们在吃过仙钗寄生的果实之后，把它的种子留在了仙人掌的刺旁边。就这样，这些种子发芽，并长出一个吸器，通过吸器，可以从仙人掌组织的内部提取生存所需的物质。在下一个阶段，仙钗寄生会从同一点冒出，展现出它红色的花序。用水彩描绘它时，最大的挑战在于给那些多刺的坚硬大圆柱体的中心，以及栖息在其“棱”上的仙钗寄生上色，从而展现这种植物美丽且夺目的色彩。

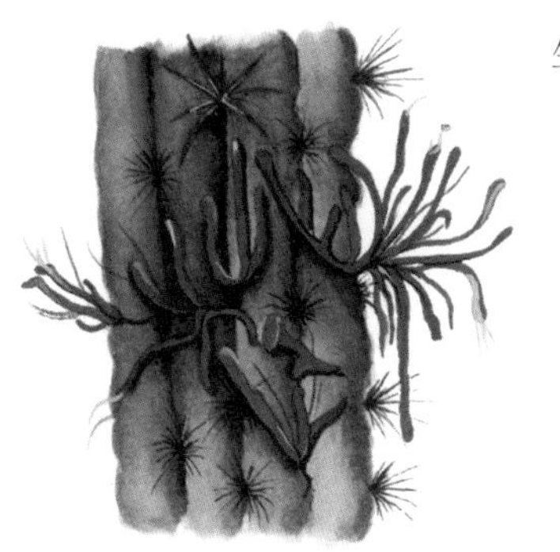

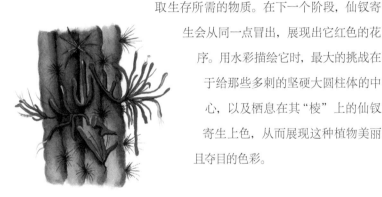

小冠花盐草

Sarcocornia fruticose

小冠花盐草的叶片极小且无柄，也就是说，叶片附着在茎上，仿佛不存在一般，因此它是通过茎来进行光合作用。它们在海滩上呈现出美丽的景象，因为它们仿若半透明的绿色和红色珠子。此外，这种植物可以承受高盐度，这使得它尤为特别和坚强。

多枝列当

Orobanche ramosa

虽然多枝列当起源于欧洲，但今天这种植物已经遍布各个大洲。它的叶片和茎干都不含叶绿素，因而也不进行光合作用。它是一种完全靠寄生的杂草，也就是说，它永远需要依附另一种植物而生存。它非常小。我们决定只给它上色，来将它和其寄主区分开。这是一种非常漂亮的植物，但是会对其寄生的植物造成极大的伤害。

木贼（马人参）

Equisetum hyemale

这种植物比恐龙还要古老，这样说就可以理解它在植物王国中的地位了吧。它属于一个非常原始的植物家族，这一家族现今只有这唯一一个幸存的科属。因此，它是真正意义上的古老植物。它的微小叶片聚集在一起，在空心的茎秆周围形成一个鞘柄，而负责进行光合作用的是茎秆。它不产种子，而是利用孢子来进行繁殖。此外，由于在过去，这种植物可以用来抛光金属，特别是银器，所以它曾在豪宅中使用颇多。也因此，它自古以来就被许多家庭种在花园中，距离房屋近在咫尺的位置，方便人们摘取它们来擦亮银器。

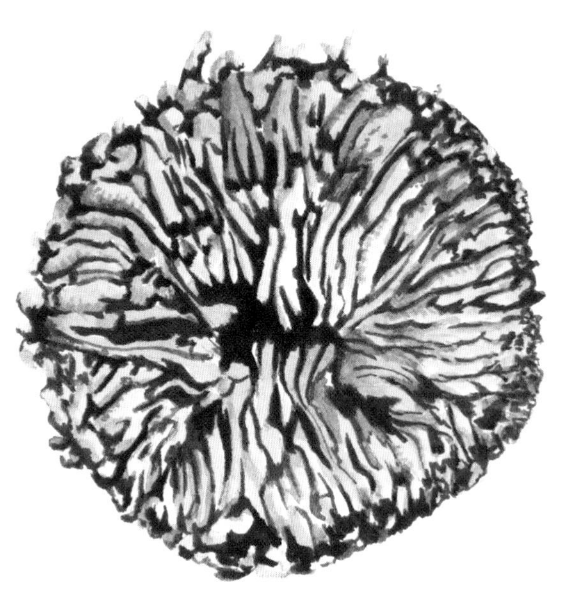

鳞叶卷柏

Selaginella lepidophylla

在墨西哥的奇瓦瓦沙漠，每当雨水滋润了这些期待复生多年的植物时，它们都会高兴地庆祝。这是一种令人印象深刻的植物，它属于一支古老的植物谱系。鳞叶卷柏可以在干枯状态下极其耐心地等待数年乃至数十年，甚至让人觉得它已经死亡了，就如圣经中复活的拉撒路一般。我们通过插图呈现出它经过水的洗礼之后复活的神奇过程。

翼蓟

硬叶蓝刺头

蓟

它是苏格兰的花卉象征。传说，一名敌军士兵因踩到蓟，无法忍受疼痛而发出哀嚎，正是这声哀嚎提醒了苏格兰人有敌军即将入侵。我们无法确切地知道这一传说中的蓟具体指的是哪一个品种，但蓟的使命是世界性的，它遍布世界各地。然而，它的荣耀常被人遗忘，经常被认为是一种杂草。

通常，它们会产生许多种子，通过风、水和动物传播，并且可以在土壤中存活多年。我们通过蓝色和紫色的多层叠加，绘制出我们想要表达的不同的炫目色调，将让人眼前一亮的美丽花朵呈现在诸位眼前。大自然的奇思妙想，使人沉醉入迷。

密头飞廉菊

长刺矢车菊（黄矢车菊）

水飞蓟（奶蓟、水飞雉）

飞廉

丝路蓟（加拿大蓟、田蓟）

田旋花

Convolvulus arvensis

田旋花美丽且具有侵略性，可以随心所欲地在任何地方生长，这是一种几乎遍布世界各地的植物。每株植物可以产500粒种子，这些种子能通过水、动物、人类进行传播。土壤种子库，即在土壤中休眠的种子，可以存活15~20年，甚至更长时间。这一特点，无与伦比。

荆豆

Ulex europaeus

荆豆被认为是世界上入侵性最强的植物之一。当一块土地腾空，它是最早出现的那批植物。它们会长成茂密带刺的灌木丛，从而阻挡其他物种的生长。不过在其发源地，它们并没有成为当地风景的“统治者”，而是和其他物种平衡存在。尽管它在乡村田野中随处可见，但是由于其外貌精致、美丽，成为古典住宅装饰的灵感源泉，我们常常可以在墙纸和家具印花中看见它的身影。

饥饿的植物

从植物王国到动物王国：捕食的策略。

写作是一种安放饥饿的方式，而饥饿只不过是一种空虚。

——希莉·哈斯特维特（Siri Hustvedt）

一提到“食虫植物”，就会唤起我们儿时丰富的想象力。那时，我们只要一想到可能会因为意外而被困在长着牙齿的植物里，准会瑟瑟发抖。围绕着这些植物，人们编造出了一个又一个疯狂的故事和神话。

事实上，这些植物不攻击人，只以昆虫为食，尤其是苍蝇、蚂蚁、蚊子、飞蛾和甲虫……有时也的确会有一些哺乳动物或者小型脊椎动物脚下一滑，倒霉地落入它们的陷阱。也许它们的魅力恰恰在于，它们挑战了植物世界赋予其所属成员的“自给自足”概念，却与动物世界关系密切。

但这些捕食者基本上仍然是进行光合作用的绿色植物，因而它们在无法捕食的环境中获取营养的途径仍然是高度植物性的。它们包括黏性植物、带陷阱的植物，还有能唤起其他生物胃口或是让其他生物欲罢不能的植物。

为了展示植物世界中“饥饿”是如何表达的，本书选择的植物都令人印象深刻。我们选择的植物，正如它们在生存环境中获取其珍贵食物的方式一般奇妙。值得一提的是，这些植物中的某些物种能够为人所知，得益于玛丽安·诺斯的热情。这位英国植物艺术家冲破了那个时代的枷锁，向世人描绘和展示了包括诺斯猪笼草在内的许多种植物，也启发了我们。令人啼笑皆非的是，玛丽安的姓氏就这样与这种贪吃的植物联系在了一起，它对食物的贪婪与这位向世界展示它的艺术家对知识的渴望一样强烈。

南极洲捕虫堇

Pinguicula antarctica

南极洲捕虫堇的叶子排列成莲座状，具有黏性，完美的设计使得任何落在其叶片上的小昆虫都无法逃脱。它总是垂下头，极其美丽，也极其忧郁，让人无法想象它真正的食物竟是昆虫。

紫花捕虫堇（小胖子）

Pinguicula vulgaris

捕虫堇也被称作小胖子，是因为从远处看，仿佛有脂肪堆积，这也是它能够迷惑昆虫的原因。这种植物生长在营养物质很少的岩壁上，因此它需要从附近生活的大量的昆虫身上获取营养。它的叶子可以分泌一种蜜汁，显然，也很黏稠，这种蜜汁可以诱捕昆虫并黏住它们。昆虫越是想逃跑，紫花捕虫堇分泌的蜜汁就越多。

露松

Drosophyllum lusitanicum

露松在被烧毁的地区比较常见。与其他大多数食虫植物不同的是，它生长在干燥的土壤上，因此有着极为发达的根系，这也是它的特别之处。此外，它是这一科属的唯一代表。它用美丽的螺旋状叶子上的黏毛来捕捉苍蝇，昆虫被粘在黏液上，然后被分解和消化。

单花茅膏菜

Drosera uniflora

单花茅膏菜的外表虽然看起来无害，但它那独特的直立花朵和叶片上明亮的小液滴使得它在任何地方都会脱颖而出，这也是它吸引昆虫的方式。它的腺体可以分泌黏液，它用这些黏液来捕捉猎物，从而获得生存所需的营养物质。

匙叶茅膏菜（勺叶茅膏菜）

Drosera spatulata

匙叶茅膏菜和其他茅膏菜植物是近亲，其有黏性的叶片呈勺子状。当有昆虫在叶片上停歇时，它的触须或者毛发就会移动，将昆虫困在其中，继而将其压碎并最终消化掉。它的种子易发芽，因此是容易在家庭进行种植的食虫植物之一。家庭种植时，可以每周喂它一只苍蝇，但需要注意避免打乱植物自己的生活节奏。自然界中无论是动物还是植物，一切都要以平衡为重。

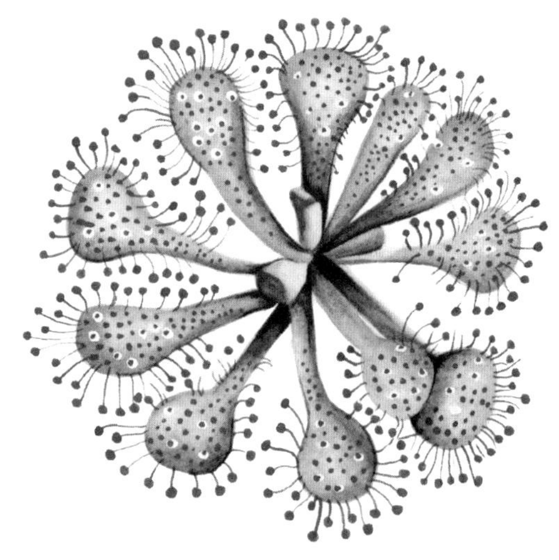

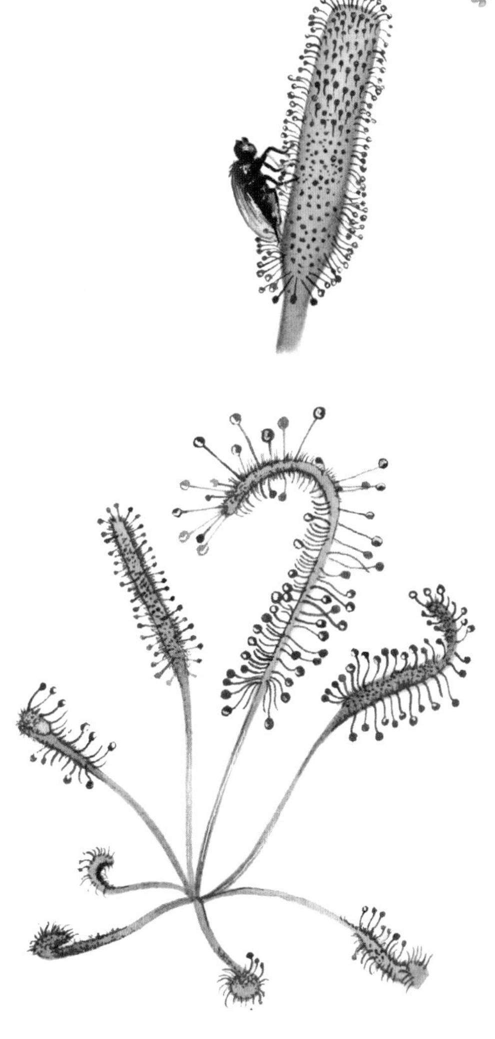

圆叶茅膏菜（叉梗茅膏菜）

Drosera rotundifolia

这种植物在贫瘠或者土壤酸度高的地方常见。它的圆形叶子极富美感。过去人们常用来治疗咽痛和咳嗽。圆叶茅膏菜叶片的颜色和闪闪发光的花蜜可以吸引昆虫，而一只蚊子腿的轻微触碰就足以触发其警报机制。其拉丁学名中的 *Drosera* 一词源于希腊语词汇（*droseros*），词义为被露水覆盖，意指从覆盖其叶片的绒毛上脱落的水滴。

好望角茅膏菜

Drosera capensis

好望角茅膏菜的叶片呈线状，较长，有毛状体或绒毛。这些绒毛就像小触角一样，可以分泌一种看起来像水一样，却具有黏性的物质。那些毫无防备的昆虫以为它们看到的是一滴明亮的露珠，便会被吸引而来，但最终发现自己被粘在这株植物上，无法逃脱，等待它们的是缓慢的死亡。

捕蝇草

Dionaea muscipula

捕蝇草可能是最著名的食虫植物。它的身影频繁出现在恐怖电影中，丰富了全世界孩子们的想象力。它呈现出绿色和血红色，极为符合它的名号——“吞噬者”。它是如何吞掉昆虫的呢？关键在于它的一对叶子裂片布满刺毛，其中有 3~5 对细小且敏感的“感觉毛”。当猎物接触到两根以上的感觉毛时，叶片就会突然关闭。可以说，这些感觉毛就是陷阱两侧的传感器。这是一个复杂的警报系统，有了这个系统，捕蝇草只有在有昆虫的时候才会闭合，而不会受到雨滴等自然现象的干扰。在人们的想象中，它就像是等待受害者的张开的大嘴巴一样。

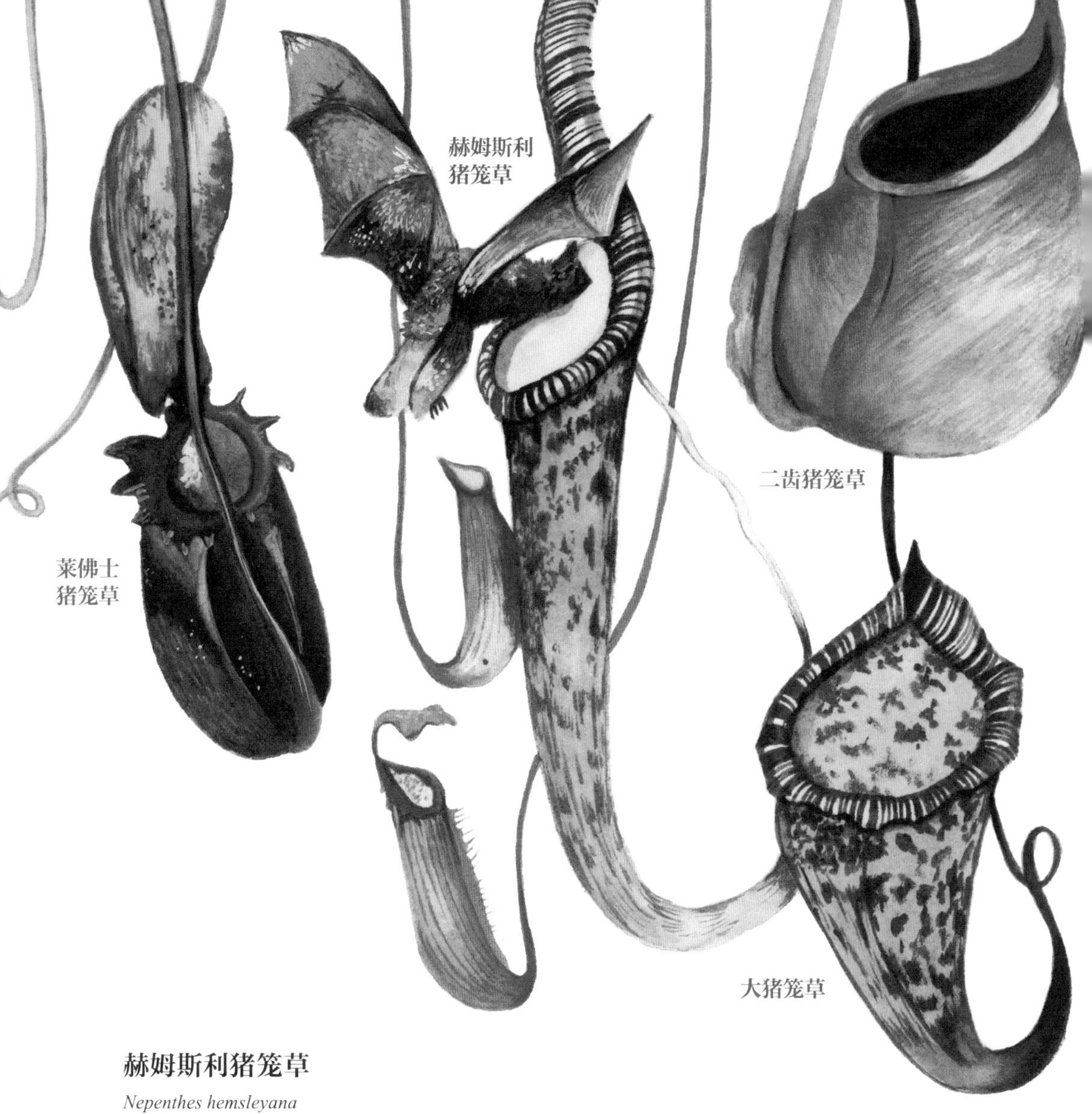

赫姆斯利猪笼草

Nepenthes hemsleyana

在东南亚婆罗洲岛（今加里曼丹岛）上，某种蝙蝠用它的粪便来给赫姆斯利猪笼草施肥。同时，这种猪笼草为这种蝙蝠提供一个相对干净、条件良好、没有寄生虫且消化液很少的地方作为巢穴。为了在茂密的森林中脱颖而出，以免这些蝙蝠将它与其他猪笼草属植物弄混，赫姆斯利猪笼草具有凹形结构，可以起到反射超声波的作用，这有助于它被蝙蝠识别出来。众所周知，蝙蝠不依靠视力辨别方向，而是回声定位的专家，也就是说，蝙蝠的体内有一个系统，可以帮助它们通过发出声音并接收反射的信息来计算与植物的距离，这样它们就知道什么时候到家了。

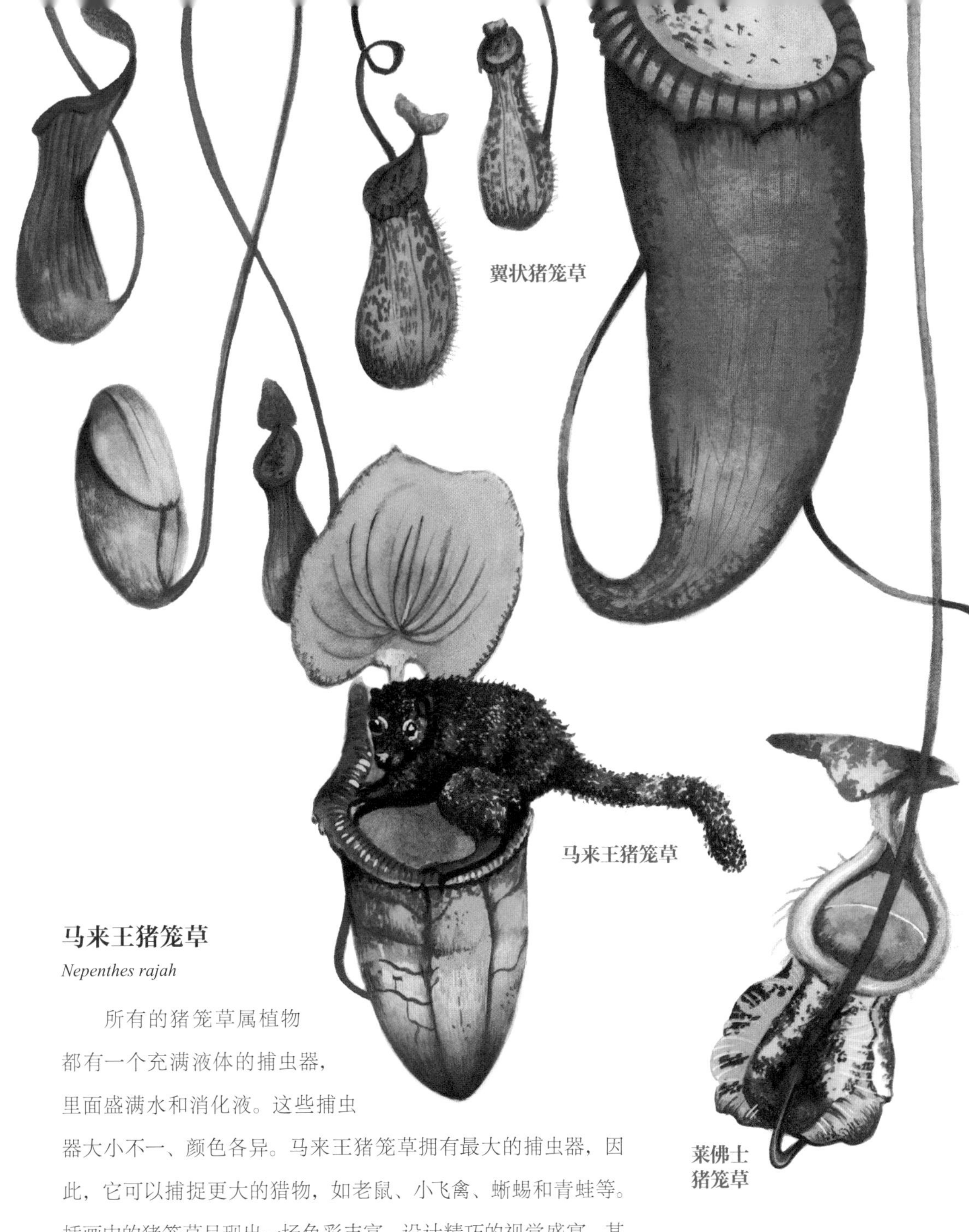

马来王猪笼草

Nepenthes rajah

所有的猪笼草属植物都有一个充满液体的捕虫器，里面盛满水和消化液。这些捕虫器大小不一、颜色各异。马来王猪笼草拥有最大的捕虫器，因此，它可以捕捉更大的猎物，如老鼠、小飞禽、蜥蜴和青蛙等。插画中的猪笼草呈现出一场色彩丰富、设计精巧的视觉盛宴，甚至让人忘记了它们令人恐慌的饮食习惯。当年，为了描绘这些植物，植物艺术家玛丽安·诺斯前往亚洲的婆罗洲岛去寻找它们的身影。本书的插画作者也很开心能够追随这位植物艺术家的足迹，绘制这些猪笼草。

瓶子草

Sarracenia flava · Sarracenia alata · Sarracenia purpurea

瓶子草属的植物具有几乎透明的网格纹理，这增加了绘制它们的难度。它们的叶片组成一个具有美丽颜色和图案的管状系统，还有它们的花蜜和散发出的气味，对昆虫来说，这种气味极富吸引力。当这些昆虫落入其瓶子内部时，会被其中的积液淹没，并被植物酶或者瓶子里产生的细菌所消化。

眼镜蛇瓶子草

Darlingtonia californica

眼镜蛇瓶子草是一个非常独特的物种，除了看起来像一条蛇的头部，它不像其他带有捕虫器的植物那样利用雨水被动捕虫。它可以自己调节水分，根据不同的场合，从根部汲取水分或者将水排除。它身上有一些透明的点，就像窗户一样，使昆虫认为可以从那里出去，而它们在不断尝试从这一出口逃跑的过程中，最终会精疲力竭。如果窥视这种植物的内部，通常会看到许多已经消化了一半的昆虫，那是一个会让素食者难以无动于衷的场景。

狸藻

Utricularia vulgari

狸藻是一种令人着迷的漂浮水生植物，它被称为“世界上诱捕速度最快的植物捕食者”。它开出的小黄花浮在水面，看起来纯真无害，让人忽略其为了生存而创造的水下狩猎场。这种植物在水下的部分是一个由“气泡”或“小囊”组成的错综复杂的系统，每个捕虫囊都有一个小开口和一个被几根敏感的毛或“杠杆”围绕的盖子。这就像一张复杂而饥饿的大网，当有小型猎物靠近时，它会迅速张开，把猎物吸入内部。

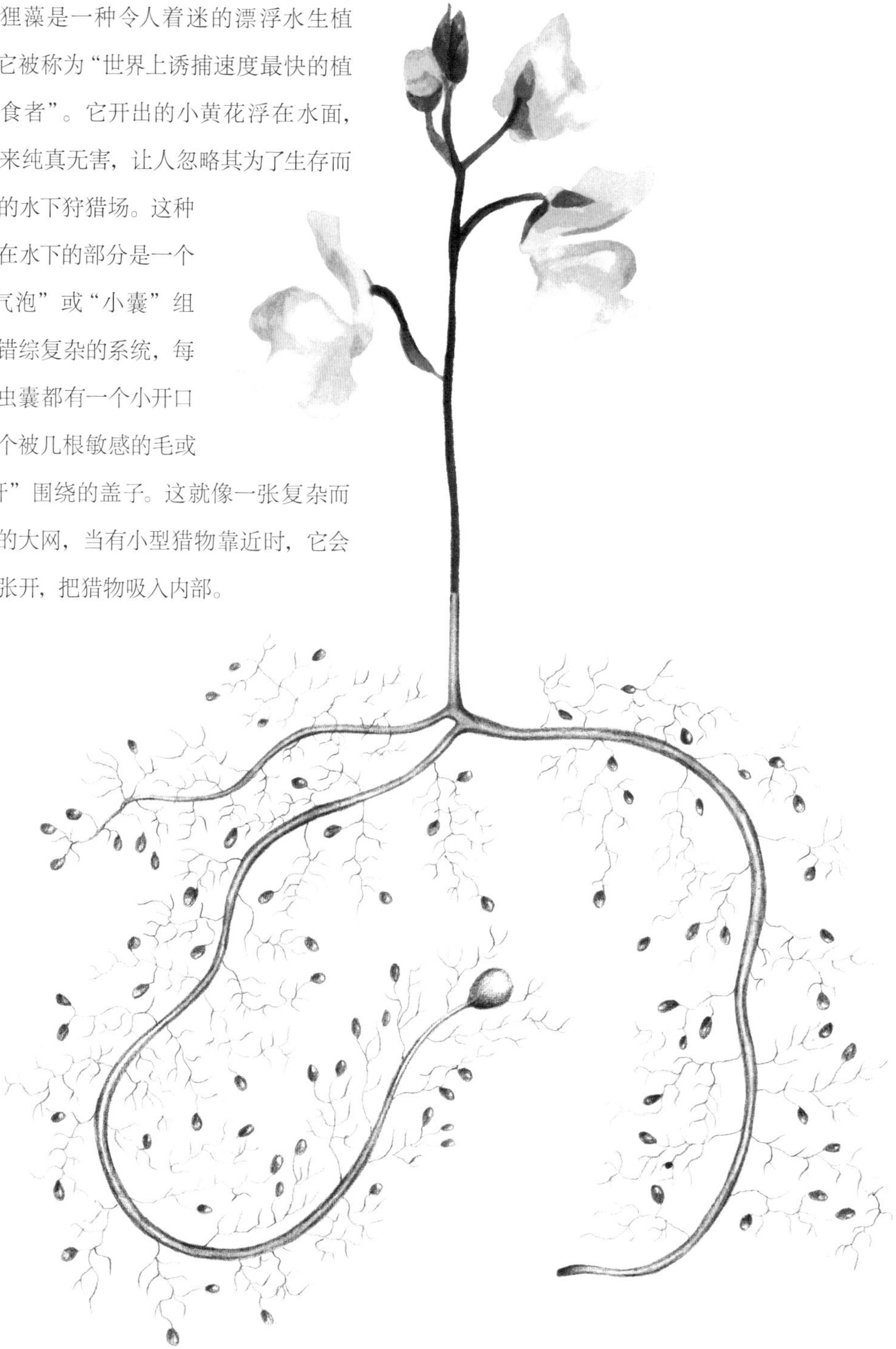

致命陷阱

这是一个设计精巧的致命陷阱：当有小型猎物（如幼虫）靠近并碰触到其中一根刚毛时，“气泡”会迅速打开，猎物会通过一个类似舱口的结构被吸入内部。这一动作极其迅速，人类肉眼甚至很难观察到它捕猎的瞬间。

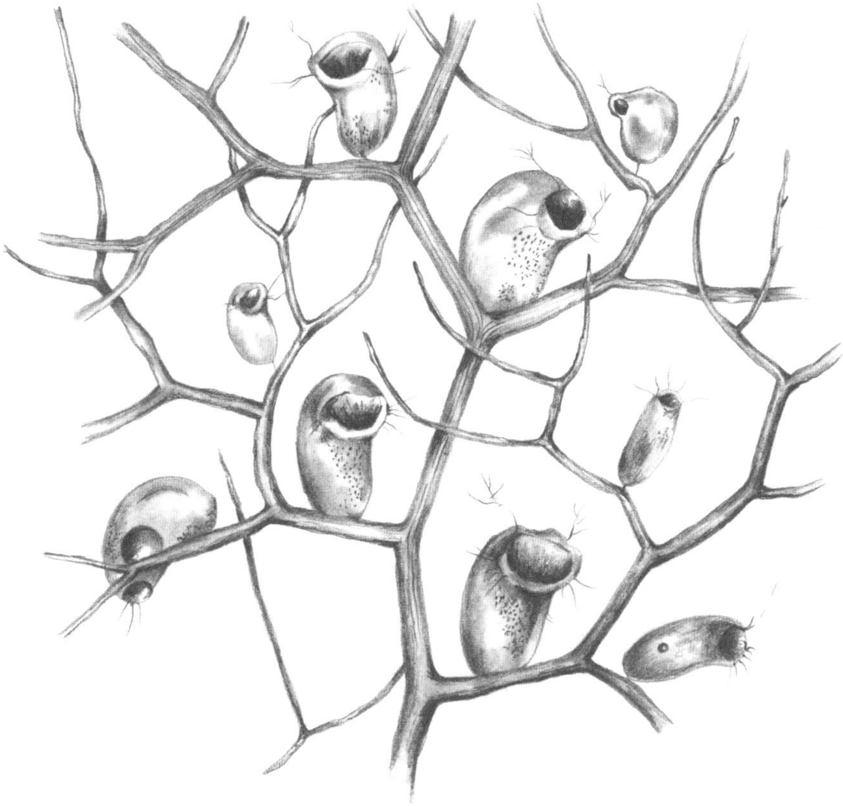

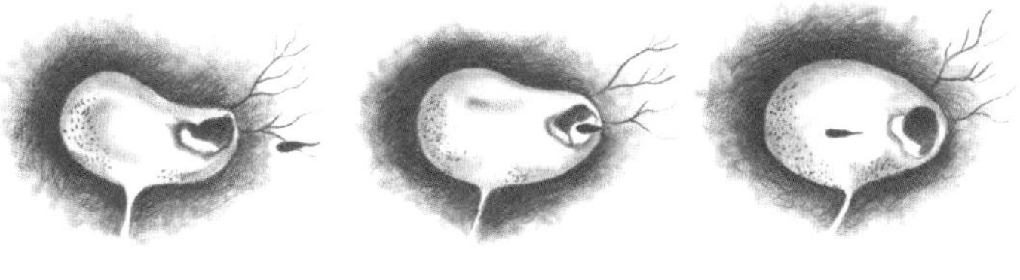

离奇的植物

让人仿佛置身于梦境。

现在我最大的目标就是找到蓝花龙舌凤梨。为此，我找了一位导游和一匹马，之后，动身去了山里。当小路变得太过陡峭时，我们把马留下，继续步行直上云端。云层极厚，以至于有段时间我只能看到前方不到1米以内的景象，但我没有放弃，最终，我获得了回报。当云雾散去，我看到了一大簇我正在寻找的珍贵且美丽的花朵，它们就在我头顶的正上方绽放。

——玛丽安·诺斯（Marianne North）

所谓离奇，是指那些稀有的、奇特的、超出既定秩序的东西。然而在植物界，这似乎很常见。我们这次旅行的目的是更为深入地感知自然、尊重自然，并向大自然学习。

我们把那些具有令我们困惑和惊叹的特性的植物，或者，简单来说，具有独特魅力的植物划分在离奇植物中，纯粹是出于兴趣。它们有的巨大，有的长寿，有的任性，有的在同一时期开花，有的美丽，还有的比较奇怪，就好像是一个幻境或者一场光怪陆离的聚会一般。

在这些植物中，许多种类的背后都藏有一个故事，等待人们去探索、发掘。而在一些地方，它们被人熟知，比如，位于英国伦敦的皇家植物园——邱园。在这个面积达 132 公顷的园区内，保存着大量的植物标本。也因此，这座皇家植物园被联合国教科文组织认定为世界文化遗产。

这座英国皇家植物园的国际化精神影响了我们。本章我们选取了来自地球上不同地方的植物，以便让大家在大自然离奇的世界中睁大双眼、充分体验。这些植物可能存在于我们的花园里、森林中、田野上或其他我们意想不到的地方。

巨魔芋（尸花）

Amorphophallus titanum

巨魔芋也被称为尸花。它在任何一本珍奇物种集中都占有一席之位。在英国皇家植物园中，经常能看到人们排着长队，以期能够一睹其芳容，并且希望能够幸运地看到它开花的盛况。因为这十分罕见，可能每几年（3~10 年）才能见到一次，而每次花期只持续短短的几天。它巨大的花序能够脉冲式地散发热量，并同时发出阵阵恶臭，从而更加吸引其授粉者，包括苍蝇、某些昆虫以及其他动物。它可以长至 3 米多高，这使得它成为某块土地上令人着迷的女王，而它仿佛想通过它的“香气”征服全世界。

皇后凤梨

Puya raimondii

皇后凤梨是一位高大且高产的女王。有历史记载，在1830年，植物学家阿尔希德·德·奥比尼(Alcide d'Orbigny)踏上了玻利维亚海拔超过3200米的土地，当看到皇后凤梨时，他以为自己由于出现严重高原反应而看到了一片"长满奇怪植物的森林"。皇后凤梨是单次结实的植物，也就是说，它一生只开一次花。据说它的寿命长达100多岁，而开花可能出现在它40岁左右的时候。开花时，它会长出巨大的花序，由多达8000朵花组成，这些花需要5~6个月的时间才能全部盛开，这一美景吸引了多种蜂鸟，它们不辞辛苦，飞到安第斯山脉顶部为这些花进行授粉。通过这种方式，它一次可以产出600万~1200万颗种子。

龙舌凤梨属（*Puya*）的其他物种

受凯楚阿人[1]的影响，在安第斯地区，这些物种被称为硬木树，而在美洲大陆南部的马普切地区，人们称它们为普亚树[2]或者阿楚巴亚树。从中美洲的哥斯达黎加到智利和阿根廷，它们遍布广阔的土地，浸染着不同的文化。从海平面高度到海拔 5000 米，它们生长在不同海拔高度的地区。它们是菠萝和空气凤梨的近亲，通常长有莲座叶，边缘有刺。它们有着原始的外表和雕塑般的轮廓，就像是从地球深处冒出来的花灯，让第一次亲眼见到它们的人兴奋不已。它们的花茎向上生长，花茎尽头是一个巨大的头状花序，花朵有着厚实的花瓣、鲜艳的颜色、丰富的花蜜和花粉。这吸引着不同的鸟类前来，它们为了吸食到美味的花蜜而不得不在空中保持飞翔的状态，并因此完成了授粉。在脑海中想象这样一幅画面，就会感觉极为壮观。因而我们并不讶异，为了寻找蓝花龙舌凤梨，玛丽安·诺斯登上了 3000 多米高的智利山脉。而她的记录也因此在邱园的收藏中占有重要地位。

小硬木树

猬丝兰龙舌凤梨

皇后普亚凤梨

奇异龙舌凤梨

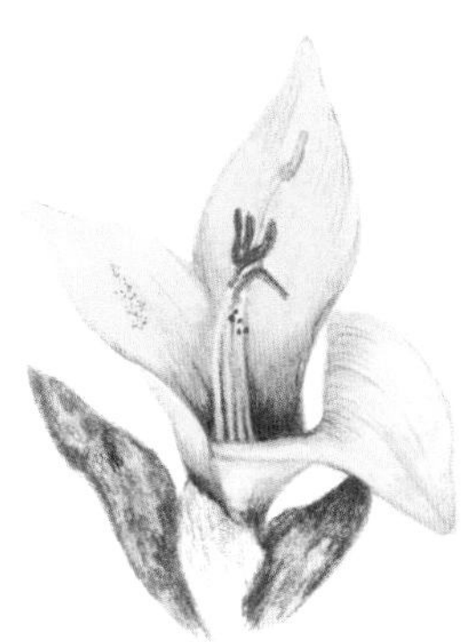

智利粗茎凤梨（普亚）

1　秘鲁、玻利维亚的原住民。——译者注

2　普亚树为音译名，属龙舌凤梨科，主要生长在安第斯山地区，共有 80 多种。——译者注

西番莲

这些西番莲属（*Passiflora*）植物的美丽和独特，令第一批到达美洲大陆的传教士印象深刻。他们从其植物形态辨认出了基督受难的宗教象征：三个雌蕊的柱头仿若三颗钉子，五个雄蕊代表伤口，而由细丝组成的花冠看起来很像荆棘王冠。因此，它的拉丁名字意为“耶稣受难之花”或是“苦难之花”。许多西番莲属植物颜色艳丽、形态独特，其中，最著名的当属蓝色西番莲（*Passiflora caerulea*）。

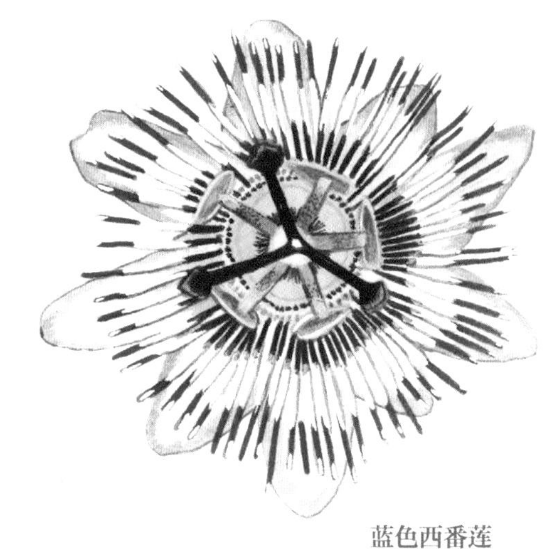

蓝色西番莲

肉色西番莲

翅茎西番莲

智利西番莲

艳红西番莲

深红西番莲

王莲

Victoria amazónica

睡莲科植物是水生植物，而王莲是其中最大的。它的圆形叶片可以支撑重达 40 千克的重量（相当于一个 10 岁左右的女孩子的重量）。它的花朵非常奇特：几乎所有的花朵同时在太阳落山时开放。当花瓣第一次张开时，是白色的。花朵散发出一种果香，香气随着温度升高而扩散开来。作为授粉者的金龟子等甲虫对这些变化非常敏感。它们被花的香气吸引后，会立刻飞到花朵上，在黑暗中起舞，忙于满足自己的胃口，却忽视了周围的变化。当清晨第一缕阳光刚刚出现，花朵就会闭合，而这些甲虫便被困在里面。第二天下午，花朵再次开放，花瓣将变成粉红色，但不再散发香气。此时，那些未得到满足的甲虫，已经全身覆盖着珍贵的花粉，它们决定离开，去寻找更多的食物。它们会循着芬芳，到达其他第一次开放的白色花朵上，而这些花朵的雌蕊上就会沾到花粉……植物生命的循环就这样得以继续下去。

格氏蝎尾蕉

蝎尾蕉属（*Heliconias*）植物

作为茂盛的热带植物，蝎尾蕉属的植物满足了第一批到达美洲的欧洲人的想象和幻想。他们着迷于花朵上覆盖的壮观多彩的苞片，那里也贮藏着蜂鸟的食物。在不同地区，这些植物有着不同的名称：小香蕉、天堂鸟（虽然以这一通用名命名的还有一种更为人所知的物种），还有龙虾爪。金嘴蝎尾蕉（*Heliconia rostrata*），俗称金鸟赫蕉，是玻利维亚这一拥有美丽的亚马孙热带雨林的国家的国花之一。

重叠蝎尾蕉

牛排蝎尾蕉

金嘴蝎尾蕉（金鸟赫蕉、红嘴蝎尾蕉）

竹子以一种优美的姿态引领我们进入亚太地区。仅仅看着它们，就会让我们想起这里千百年来将竹子融入生活方式的悠久文化。竹笋可供动物和人类食用；竹竿可以用来制造乐器和各种家居用品，甚至可以用作建筑材料；竹叶则可以用来制作纺织品，也是艺术灵感的源泉。竹子生长迅速，适应能力极强，可以说是坚固耐久的象征。全世界约有 1400 种竹子，它们高矮不一、颜色各异，也被赋予不同的名字。然而，令人称奇的是，虽然相距遥远，但是它们有一个非常神奇的特征——大规模开花（不同物种的花期不同），仿佛无论身处何地，它们都商量好要在同一时间开花一般。

毛竹（楠竹、龟甲竹）

Phyllostachys edulis

这种大型木本竹类具有巨大的生态价值、经济价值和文化价值。此外，毛竹还是世界上生长速度最快的植物之一。它的竹笋持续迅速生长，每年春季是生长高峰期，在适宜的条件下，毛竹 24 小时就可以长高 100 厘米。因此，它可以在 45~60 天内长到大约 20 米的高度。

桂竹（五月季竹、轿杠竹）

Phyllostachys reticulata

桂竹每隔 120 年大规模开花一次，令人印象极为深刻。从公元前 999 年开始，就有关于这种植物行为的记载，而它最近一次“群居性开花”发生在 1960 年。这说明植物世界是相互联系的，然而，这些桂竹是如何在相隔千里的情况下，依然可以在短短几年内在全世界范围开花，依旧令人类费解。这种大规模开花可以产生大量种子。在结出种子后，桂竹会干枯并死亡。随着种子的萌发，新的生命周期又开始了。

鹅毛丘竹

Chusquea quila

鹅毛丘竹是竹部落的另一位成员，是竹子的近亲。丘竹属（*Chusquea*）也有经过长时间植物状态（不开花状态）后大规模开花，之后个体同步死亡的现象。对于鹅毛丘竹来说，开花的间隔在60~70年（据说也有更短的间隔，10~30年）。鹅毛丘竹生长在地球南部的智利，在那里，它最近一次大规模开花是在1989~1995年。这次开花导致了啮齿动物数量的急剧增长，成千上万的啮齿动物以种子和沿途的一切为食。除了啮齿动物大爆炸，大量的干枯鹅毛丘竹也意味着火灾隐患，这在当时给人们带来极大的恐慌。

旅行笔记

科学资料卡片

俗称：
药用蒲公英
拉丁学名：
Taraxacum officinale
其学名中的“*officinale*”一词指的是那些由于具有药用价值而记录于药典中或在药房中使用的物种
科：菊科（Asteraceae）
产地：欧亚大陆
大小：约40厘米高

俗称：
花菱草
拉丁学名：
Eschscholzia californica
科：罂粟科（Papaveraceae）
产地：生长于北美洲，尤其在美国加利福尼亚州一带
大小：30~60厘米高

俗称：
山羊角
拉丁学名：
Skytantbus acutus
科：夹竹桃科（Apocynaceae）
产地：智利常见，并且仅自然生长于这个国家
大小：高达1米

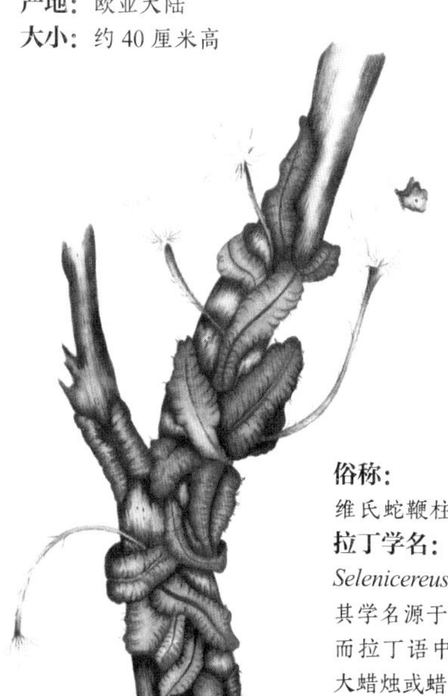

俗称：
维氏蛇鞭柱
拉丁学名：
Selenicereus wittii
其学名源于希腊语中月亮女神“Selene”，而拉丁语中“*cereus*”一词意为教堂用的大蜡烛或蜡烛
科：仙人掌科（Cactaceae）
产地：巴西亚马孙热带雨林
大小：茎长可达60厘米，但仅有2~4毫米粗

俗称：
天仙子
拉丁学名：
Hyoscyamus niger
科：茄科（Solanaceae）
产地：欧亚大陆
大小：高达1.5米

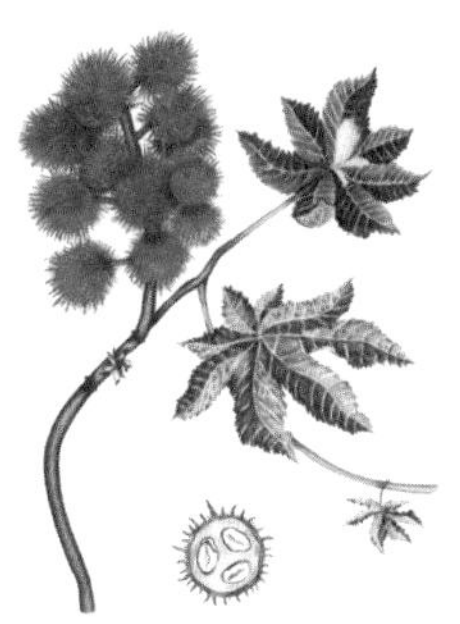

俗称：
蓖麻
拉丁学名：
Ricinus communis
科：大戟科 （Euphorbiaceae）
产地：非洲
大小：3~10 米高

俗称：
毛地黄
拉丁学名：
Digitalis purpurea
科：车前科 （Plantaginaceae）
产地：产自欧洲，以及非洲西北部和亚洲西北部。现今在有湿润土壤的地带均可见
大小：在其生长到第二年的时候，茎长可达 0.5~1.5 米

俗称：
曼陀罗
拉丁学名：
Datura stramonium
科：茄科 （Solanaceae）
产地：可能产自墨西哥
大小：0.3~1 米高

俗称：
秋茄参 （曼德拉草）
拉丁学名：
Mandragora autumnalis
科：茄科 （Solanaceae）
产地：地中海地区
大小：30~60 厘米高

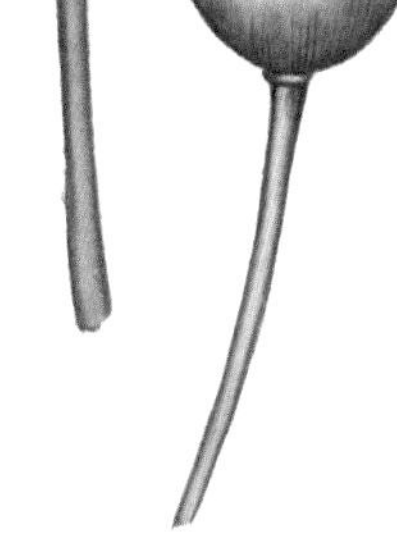

俗称：
罂粟
拉丁学名：
Papaver somniferum
鉴于鸦片有麻醉功效，其学名含有致幻的意思
科：罂粟科 （Papaveraceae）
产地：人们认为这种植物产自地中海南部和东部，并从那里扩散到全球
大小：30~70 厘米高

俗称：
巨花犀角
拉丁学名：
Stapelia gigantea
科： 夹竹桃科 （Apocynaceae）
产地： 非洲南部
大小： 花朵直径可达40厘米

俗称：
豹皮花
拉丁学名：
Orbea variegata
科： 夹竹桃科 （Apocynaceae）
产地： 南非
大小： 花朵直径可达8厘米

俗称：
毒参
拉丁学名：
Conium maculatum
“*Maculatum*” 的意思是斑点，指的是毒参茎干上棕红色的色块，这是区别毒参与其他相似植物如野胡萝卜（*Daucus carota*）、欧防风（*Pastinaca sativa*）等的唯一特点
科： 伞形科 （Apiaceae）
产地： 欧亚大陆、非洲北部
大小： 茎长可达2.5米

俗称：
毛犀角
拉丁学名：
Stapelia hirsute
科：夹竹桃科 （Apocynaceae）
产地：产自非洲南部
大小：茎约 20 厘米长

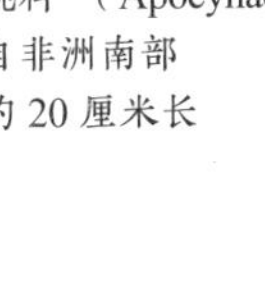

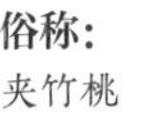

俗称：
夹竹桃
拉丁学名：
Nerium oleander
科：夹竹桃科 （Apocynaceae）
产地：欧洲地中海一片广阔的土地特有，后传入亚洲
大小：可达 6 米高

俗称：
白果类叶升麻 （娃娃眼）
拉丁学名：
Actaea pachypoda
科：毛茛科 （Ranunculaceae）
产地：北美洲
大小：40~75 厘米高

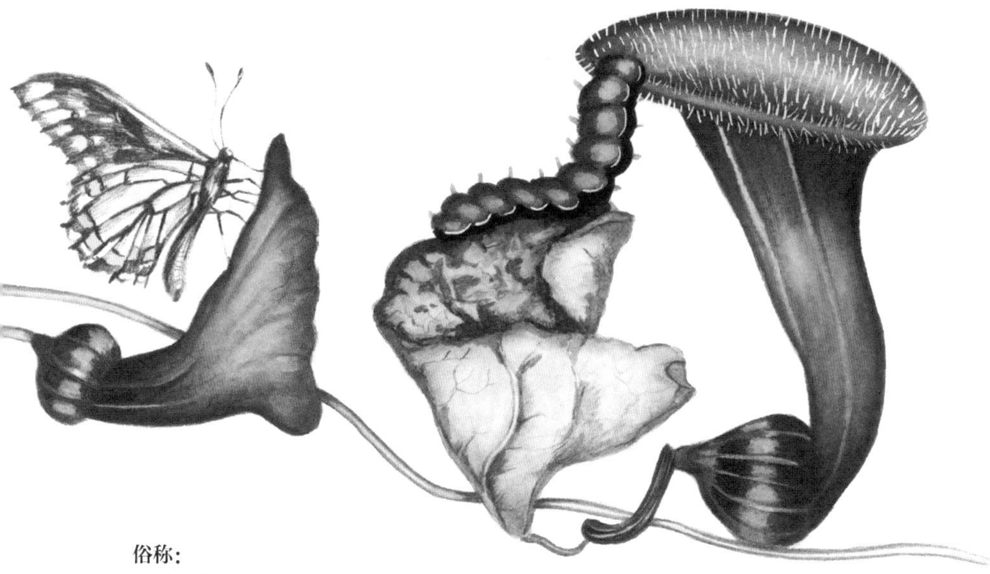

俗称：
智利马兜铃
拉丁学名：
Aristolochia chilensis
科：马兜铃科 （Aristolochiaceae）
产地：智利特有的植物，因此其学名中含有智利（“chilensis”）一词
大小：茎长 0.4~1 米

俗称：
五十铃玉
拉丁学名：
Fenestraria rhopalophylla subsp. *aurantiaca*
科：番杏科 （Aizoaceae）
产地：南非海岸
大小：5~7 厘米高

俗称：
魔玉
拉丁学名：
Lapidaria margaretae 其学名中的 *Lapidaria* 源自拉丁语石头（*lapis*）一词
科：番杏科 （Aizoaceae）
产地：南非、纳米比亚
大小：8 厘米高

俗称：
天女
拉丁学名：
Titanopsis calcarea
科：番杏科 （Aizoaceae）
产地：南非
大小：4 厘米高

俗称：
黄蜂兰
拉丁学名：
Ophrys insectifera
科：兰科 （Orchidaceae）
产地：整个欧洲地区常见
大小：茎长 10~60 厘米

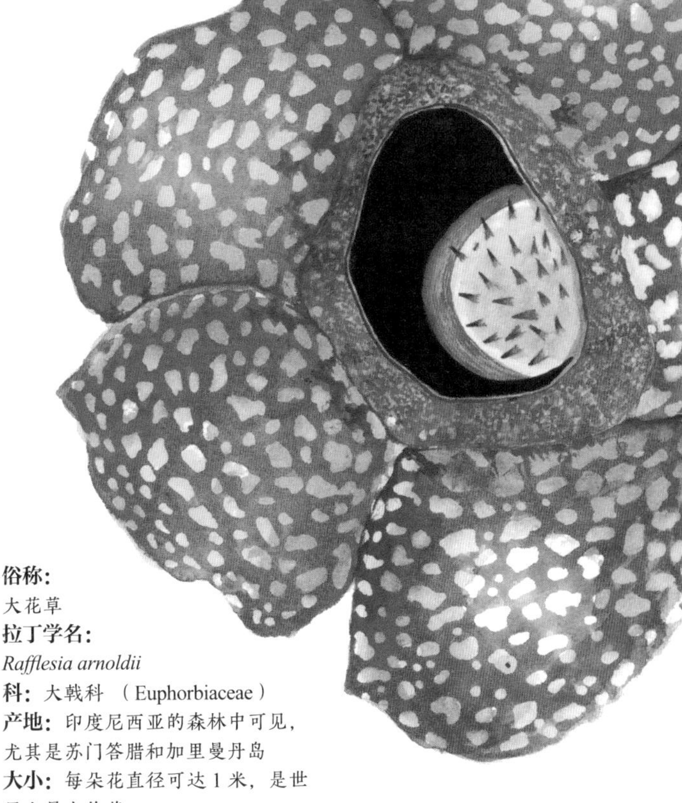

俗称：
大花草
拉丁学名：
Rafflesia arnoldii
科：大戟科 （Euphorbiaceae）
产地：印度尼西亚的森林中可见，尤其是苏门答腊和加里曼丹岛
大小：每朵花直径可达 1 米，是世界上最大的花

俗称：
石头花、生石花
拉丁学名：
生石花属 （*Lithops*）的植物 （*Lithops*，希腊语，意为石头）
科：番杏科 （Aizoaceae）
产地：南非干旱地区
大小：直径 1~3 厘米

俗称：
飞鸭兰
拉丁学名：
Caleana major
科：兰科 （Orchidaceae）
产地：澳大利亚
大小：20~40 厘米高，花朵约 2.5 厘米长

俗称：
蜂兰
拉丁学名：
Ophrys apifera
科： 兰科 （Orchidaceae）
产地： 欧洲、非洲北部以及中东部分地区
大小： 约 30 厘米高

俗称：
猴面小龙兰
拉丁学名：
Dracula simia
Dracula 意思为 “小龙”，因花朵奇特的外貌而得名
科： 兰科 （Orchidaceae）
产地： 产自中美洲
大小： 花朵约 5~15 厘米长

俗称：
鞭寄生
拉丁学名：
Hydnora africana
科： 鞭寄生科 （Hydnoraceae）
产地： 非洲大陆南部特有的植物
大小： 露出地面的部分 10~15 厘米高

俗称：
北美臭菘
拉丁学名：
Symplocarpus foetidus
科： 天南星科 （Araceae）
产地： 北美地区，从加拿大安大略省和魁北克省直到美国北卡罗来纳州和田纳西州。此外，也生长在亚洲东北部地区
大小： 叶长 40~55 厘米

俗称：
避役藤
拉丁学名：
Boquila trifoliolata
其叶片为三出复叶，因此得名
科： 木通科 （Lardizabalaceae）
产地： 产自智利和阿根廷
大小： 1~2 米高

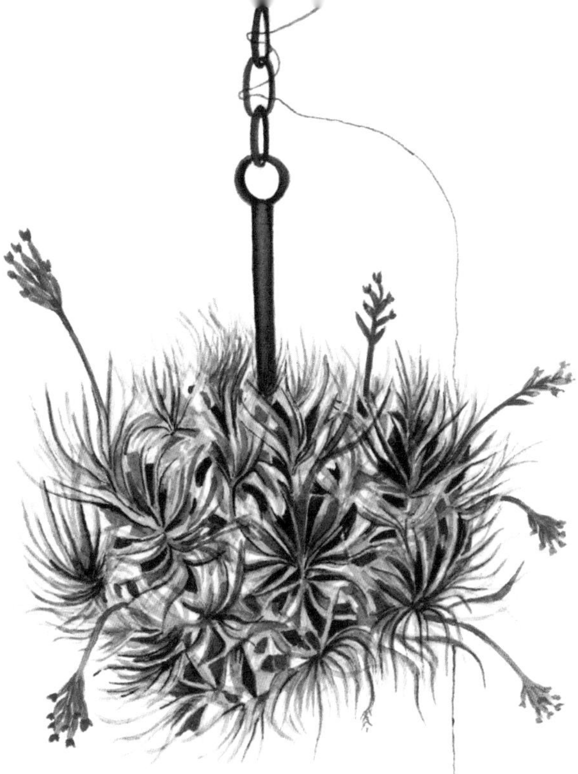

俗称:
红铁兰 （空中康乃馨）
拉丁学名:
Tillandsia aeranthos
科: 凤梨科 （Bromeliaceae）
产地: 南美地区 （阿根廷、巴西、厄瓜多尔、巴拉圭和乌拉圭）
大小: 约 20 厘米长

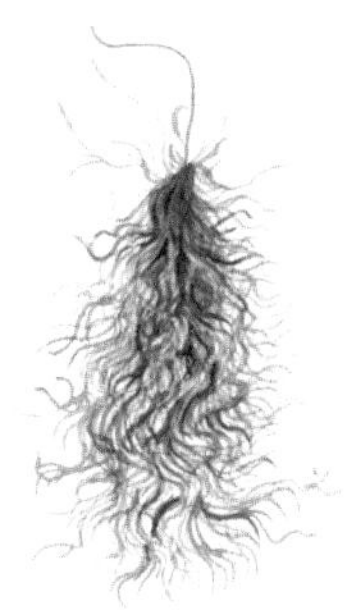

俗称:
松萝凤梨 （老人须）
拉丁学名:
Tillandsia usneoides
学名中 *usneoides* 一词源于其外观与松萝属 （*Usnea*） 的一种地衣相似
科: 凤梨科 （Bromeliaceae）
产地: 遍布整个美洲，从美国到阿根廷和智利的南端
大小: 植株茎长可达 8 米，须极细，不到 1 毫米

俗称:
小精灵空气凤梨
拉丁学名:
Tillandsia ionantha
希腊语中 *ion* 意为紫色，*anthos* 意为花，因其花朵的浓郁色彩而得名
科: 凤梨科 （Bromeliaceae）
产地: 墨西哥、危地马拉、萨尔瓦多、洪都拉斯、尼加拉瓜、哥斯达黎加和巴拿马
大小: 5~10 厘米高

俗称:
考茨基铁兰
拉丁学名:
Tillandsia kautskyi
科: 凤梨科 （Bromeliaceae）
产地: 巴西特有
大小: 4~10 厘米高

俗称：
蛇叶花凤梨（美杜莎、女王头、章鱼）
拉丁学名：
Tillandsia caput-medusae
科： 凤梨科（Bromeliaceae）
产地： 从墨西哥到巴拿马
大小： 叶长 5~25 厘米

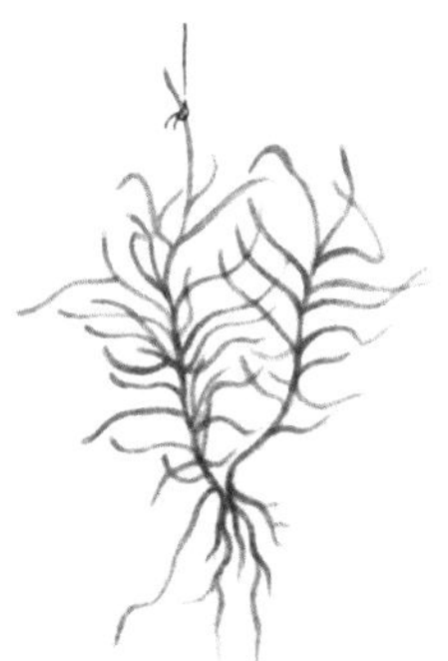

俗称：
空气凤梨
拉丁学名：
Tillandsia landbeckii
科： 凤梨科（Bromeliaceae）
产地： 秘鲁和智利海岸
大小： 包括花枝，高达 30 厘米

俗称：
空气凤梨（星暴）
拉丁学名：
Tillandsia brachycaulos × *Tillandsia schiedeana*
科： 凤梨科（Bromeliaceae）
产地： 不详
大小： 可达 30 厘米长

俗称：
小冠花盐草
拉丁学名：
Sarcocornia fruticose
科： 藜科（Chenopodiaceae）
产地： 欧亚大陆、非洲北部
大小： 高达 1.5 米

俗称：
分枝列当
拉丁学名：
Orobanche aegyptiaca
（异名：*Orobanche ramosa*）
科：列当科（Orobanchaceae）
产地：欧洲和非洲
大小：15~45 厘米高

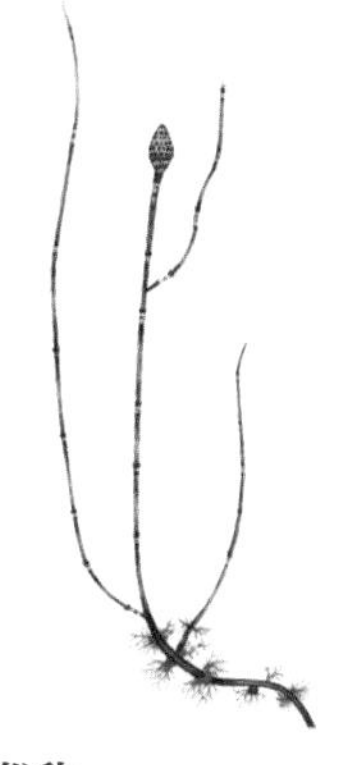

俗称：
木贼（马人参）
拉丁学名：
Equisetum hyemale
科：木贼科（Equisetaceae）
产地：遍布北半球
大小：茎长可达 90 厘米

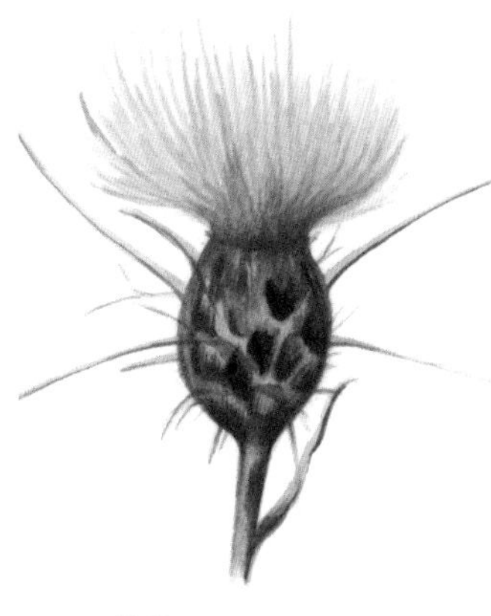

俗称：
长刺矢车菊（黄矢车菊）
拉丁学名：
Centaurea solstitialis
科：菊科（Asteraceae）
产地：欧洲
大小：茎长达 2 米

俗称：
仙钗寄生
拉丁学名：
Tristerix aphyllus
希腊语中 *aphyllus* 的意思是“没有叶子”
科：桑寄生科（Loranthaceae）
产地：智利
大小：茎长 5~20 厘米

俗称：
鳞叶卷柏
拉丁学名：
Selaginella lepidophylla
科：卷柏科（Selaginellaceae）
产地：墨西哥北部奇瓦瓦沙漠
大小：直径 5~10 厘米

俗称：
硬叶蓝刺头
拉丁学名：
Echinops ritro
科：菊科（Asteraceae）
产地：产自欧洲和亚洲的某些地区
大小：10~40 厘米高

俗称：
丝路蓟（加拿大蓟、田蓟）
拉丁学名：
Cirsium arvense
科： 菊科（Asteraceae）
产地： 欧亚大陆及北美洲地区
大小： 茎长可达 1.5 米

俗称：
水飞蓟（奶蓟、水飞雉）
拉丁学名：
Silybum marianum
科： 菊科（Asteraceae）
产地： 在地中海地区常见，现已遍布全球
大小： 轻而易举就可以长到 1.5 米高

俗称：
密头飞廉菊
拉丁学名：
Carduus pycnocephalus
科： 菊科（Asteraceae）
产地： 欧亚大陆
大小： 高达 1.2 米

俗称：
飞廉
拉丁学名：
Carduus nutans
(异名: *Carduus thoermeri*)
科： 菊科（Asteraceae）
产地： 欧洲
大小： 茎长可达 2 米

俗称：
翼蓟
拉丁学名：
Cirsium vulgare
科： 菊科（Asteraceae）
产地： 欧洲、西亚地区
大小： 茎长可达 1.5 米

俗称：
田旋花
拉丁学名：
Convolvulus arvensis
科： 旋花科（Convolvulaceae）
产地： 欧洲
大小： 茎长 0.3~2 米

俗称：
荆豆
拉丁学名：
Ulex europaeus
科： 豆科（Fabaceae）
产地： 欧洲（学名已经显示出了产地）
大小： 茎长可达 3 米

俗称：
紫花捕虫堇（小胖子）
拉丁学名：
Pinguicula vulgaris
它的学名源于拉丁语 *pinguiculus* 一词，意为肥胖的身体
科： 狸藻科（Lentibulariaceae）
产地： 欧洲所有国家及其他北半球地区均常见
大小： 3~15 厘米高

俗称：
南极洲捕虫堇
拉丁学名：
Pinguicula antarctica
科： 狸藻科（Lentibulariaceae）
产地： 智利和阿根廷南极属地的泥炭地
大小： 5~10 厘米高

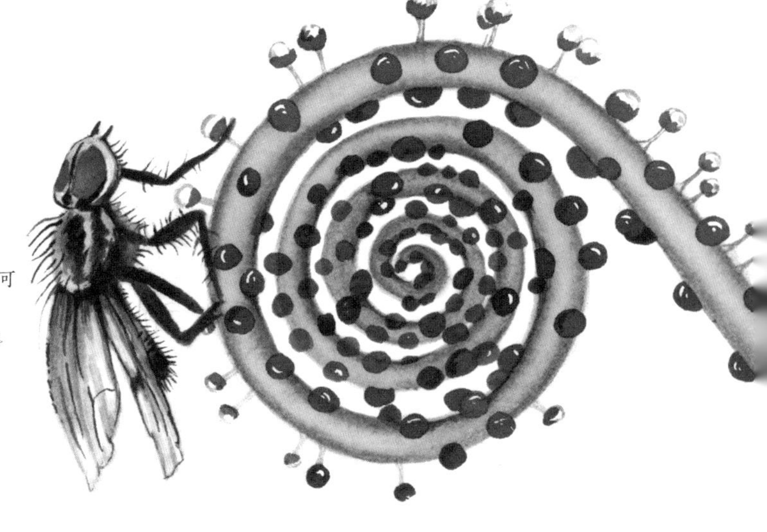

俗称：
露松
拉丁学名：
Drosophyllum lusitanicum
科：露松科（Drosophyllaceae）
产地：西班牙、葡萄牙和摩洛哥可见，在直布罗陀海峡数量最多
大小：不超过50厘米高的亚灌木

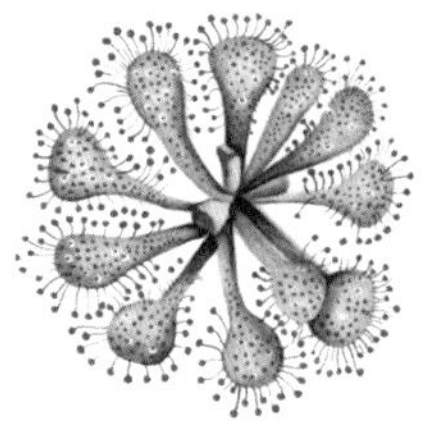

俗称：
匙叶茅膏菜（勺叶茅膏菜）
拉丁学名：
Drosera spatulata
科：茅膏菜科（Droseraceae）
产地：亚洲物种，产自中国、日本、澳大利亚和新西兰
大小：2~7厘米高

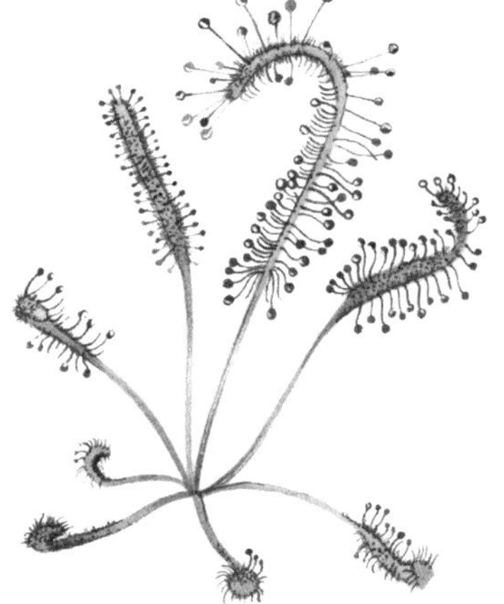

俗称：
好望角茅膏菜
拉丁学名：
Drosera capensis
科：茅膏菜科（Droseraceae）
产地：产自非洲好望角，因而得名
大小：约30厘米高

俗称：
单花茅膏菜
拉丁学名：
Drosera uniflora
学名叫*uniflora*（单花）是因为它只开一朵白色的花
科：茅膏菜科（Droseraceae）
产地：产自南美洲，在智利和阿根廷的泥炭地可见
大小：3厘米高

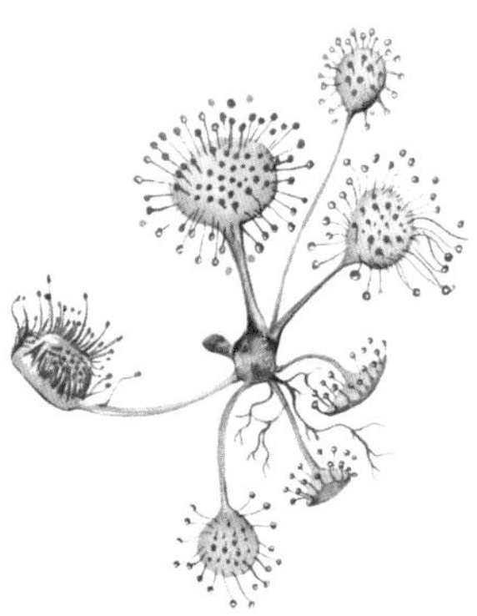

俗称：
圆叶茅膏菜（叉梗茅膏菜）
拉丁学名：
Drosera rotundifolia
科：茅膏菜科（Droseraceae）
产地：北半球，常见于西伯利亚、北美、韩国和日本的泥炭地和湿地
大小：约15厘米高

俗称：
马来王猪笼草
拉丁学名：
Nepenthes rajah
科： 猪笼草科 （Nepenthaceae）
产地： 马来西亚沙捞越州和沙巴州
大小： 捕虫器可达35厘米长，能盛下3升的液体，整株植物要更大

俗称：
莱佛士猪笼草
拉丁学名：
Nepenthes rafflesiana
科： 猪笼草科 （Nepenthaceae）
产地： 加里曼丹岛和马来西亚苏门答腊
大小： 通常捕虫器约20厘米长

俗称：
大猪笼草
拉丁学名：
Nepenthes maxima
科： 猪笼草科 （Nepenthaceae）
产地： 印度尼西亚苏拉威西岛、摩鹿加群岛和巴布亚新几内亚
大小： 捕虫器约30厘米长 （这种植物的捕虫器大小不一）

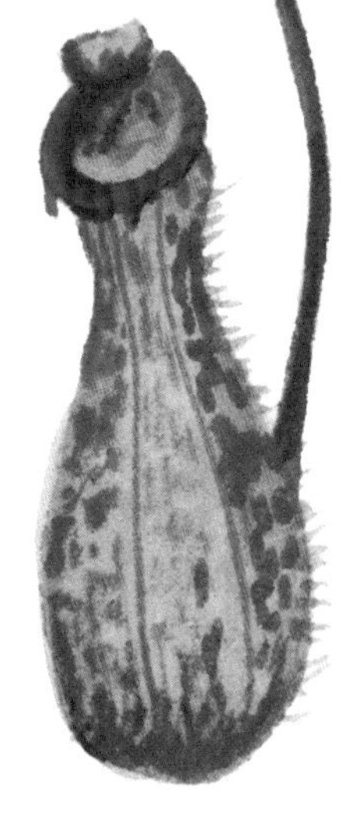

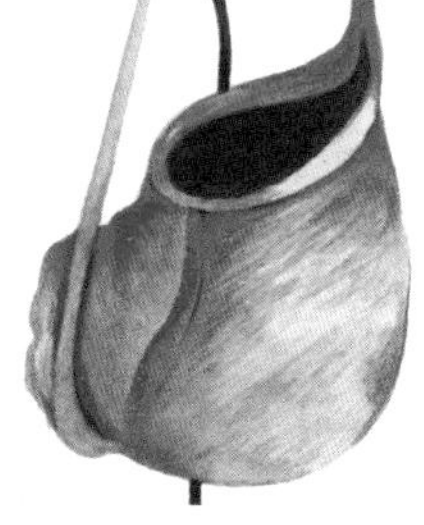

俗称：
二齿猪笼草
拉丁学名：
Nepenthes bicalcarata
科： 猪笼草科 （Nepenthaceae）
产地： 加里曼丹岛
大小： 捕虫器可达 25 厘米长

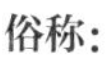

俗称：
翼状猪笼草
拉丁学名：
Nepenthes alata
科： 猪笼草科 （Nepenthaceae）
产地： 菲律宾
大小： 捕虫器 18~20 厘米长

俗称：
捕蝇草
拉丁学名：
Dionaea muscipula
科： 茅膏菜科 （Droseraceae）
产地： 产自美国东南部
大小： 10 厘米高

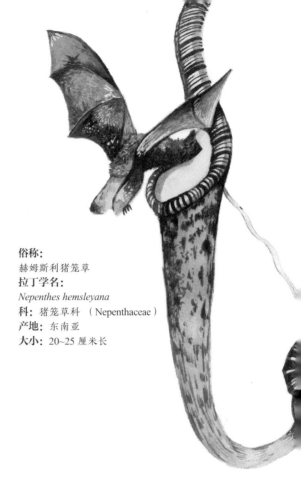

俗称：
眼镜蛇瓶子草
拉丁学名：
Darlingtonia californica
科： 瓶子草科 （Sarraceniaceae）
产地： 美国特有，产自加利福尼亚州和俄勒冈州
大小： 可达 1 米高

俗称：
赫姆斯利猪笼草
拉丁学名：
Nepenthes hemsleyana
科： 猪笼草科 （Nepenthaceae）
产地： 东南亚
大小： 20~25 厘米长

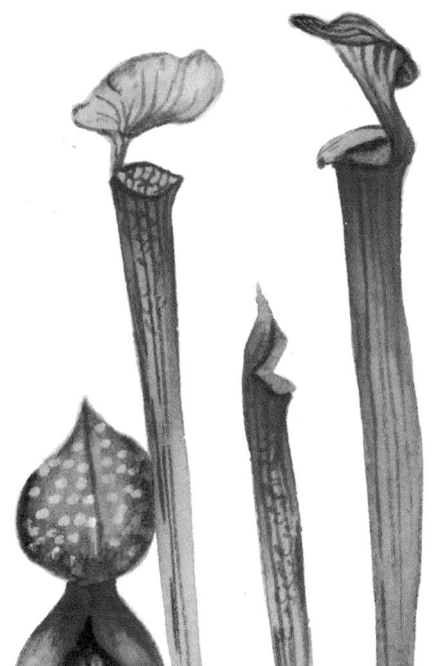

俗称：
瓶子草
拉丁学名：
Sarracenia flava · Sarracenia alata · Sarracenia purpurea
科： 瓶子草科 （Sarraceniaceae）
产地： 所有瓶子草都产自北美地区
大小： 黄瓶子草为0.5~1 米高；具翅瓶子草可超过 80 厘米高；紫瓶子草为30 厘米高

俗称：
巨魔芋 （尸花）
拉丁学名：
Amorphophallus titanum
科： 天南星科 （Araceae）
（马蹄莲和蔓绿绒的亲属）
产地： 苏门答腊的热带雨林
大小： 最大花序 （不是一朵单花） 的记录为 3.1 米高，2010 年记录于美国

俗称： 皇后普亚凤梨
学名： *Puya berteroniana*
科： 凤梨科 （Bromeliaceae）
产地： 智利独有
大小： 可达 2.5~4 米高

俗称：
小硬木树
拉丁学名：
Puya venusta
科： 凤梨科 （Bromeliaceae）
产地： 智利独有
大小： 茎长或花茎高可达 1~1.5 米

俗称： 猬丝兰龙舌凤梨
学名： *Puya dasylirioides*
科： 凤梨科 （Bromeliaceae）
产地： 哥斯达黎加
大小： 这是一种特殊的龙舌凤梨，其叶缘无刺。 加上花序可达 3 米高

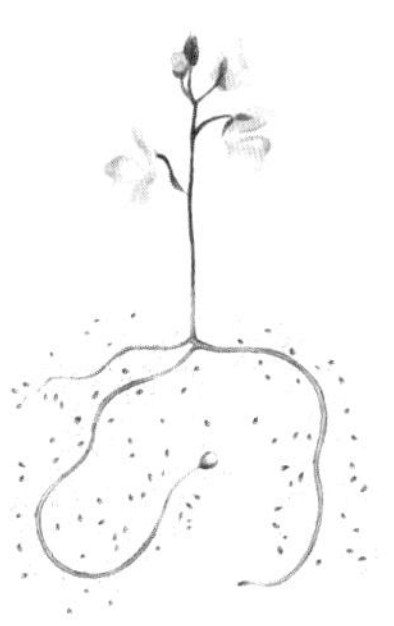

俗称：
狸藻
拉丁学名：
Utricularia vulgaris
学名中拉丁语 *utriculus* 一词意为椭圆形小囊
科： 狸藻科 （Lentibulariaceae）
产地： 欧洲大部分地区
大小： 约 2.5 米长

俗称：
皇后凤梨
拉丁学名： *Puya raimondii*
科： 凤梨科 （Bromeliaceae）
产地： 秘鲁和玻利维亚的安第斯山脉一带
大小： 可达 3~4 米高，加上花序可达 12 米高

俗称：
奇异龙舌凤梨
这个名字是为了向一首欢快的哥伦比亚加勒比歌曲致敬。“*loca*” 一词取 “奇异” 的意思，源于其花朵不同寻常的颜色
拉丁学名： *Puya loca*
科： 凤梨科 （Bromeliaceae）
产地： 哥伦比亚
大小： 1~1.2 米高

俗称：
蓝色西番莲
拉丁学名： *Passiflora caerulea*
科： 西番莲科 （*Passifloraceae*）
产地： 南美地区，特别是阿根廷
大小： 攀缘植物，可以爬到 10 米长

俗称：
智利粗茎凤梨 （普亚）
拉丁学名： *Puya chilensis*
科： 凤梨科 （Bromeliaceae）
产地： 智利独有
大小： 花茎可达 5 米高

俗称：
肉色西番莲
拉丁学名： *Passiflora incarnata*
科： 西番莲科 （*Passifloraceae*）
产地： 美洲热带地区，美国
大小： 攀缘植物，可以爬到8米长

俗称：
翅茎西番莲
拉丁学名：
Passiflora alata
科： 西番莲科 （Passifloraceae）
产地： 巴西亚马孙
大小： 4~8米高

俗称：
艳红西番莲
拉丁学名：
Passiflora vitifolia
科： 西番莲科 （Passifloraceae）
产地： 中美洲南部和南美洲北部
大小： 攀缘植物，可以爬到8米长

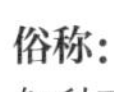

俗称：
智利西番莲
拉丁学名：
Passiflora pinnatistipula
科： 西番莲科 （Passifloraceae）
产地： 智利和秘鲁
大小： 攀缘植物，可以爬到 15 米长

俗称：
深红西番莲
拉丁学名：
Passiflora kermesina
科： 西番莲科 （Passifloraceae）
产地： 巴西

俗称：
王莲
拉丁学名：
Victoria amazonica
（异名： *Victoria regia*），王莲属因向当时的维多利亚女王致敬而得名。
科： 睡莲科 （Nymphaeaceae）
产地： 南美洲
大小： 它的圆形叶片直径可达 1 米

俗称：
牛排蝎尾蕉
拉丁学名：
Heliconia mariae
科： 蝎尾蕉科 （Heliconiaceae）
产地： 中美洲及南美洲部分地区
大小： 可达 7 米高

俗称：
金嘴蝎尾蕉（金鸟赫蕉、红嘴蝎尾蕉）
拉丁学名：
Heliconia rostrata
科： 蝎尾蕉科 （Heliconiaceae）
产地： 热带雨林
大小： 可达 1.5~3 米高

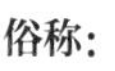

俗称：
格氏蝎尾蕉
拉丁学名：
Heliconia griggsiana
科： 蝎尾蕉科 （Heliconiaceae）
产地： 哥伦比亚和厄瓜多尔的热带山地雨林及云雾森林中
大小： 可达 9 米高

俗称：
重叠蝎尾蕉
拉丁学名：
Heliconia imbricata
科： 蝎尾蕉科 （Heliconiaceae）
产地： 产自美洲中部地区，在哥斯达黎加到哥伦比亚区域常见
大小： 可达 3.5~6 米高

俗称：
鹅毛丘竹
拉丁学名：
Chusquea quila
科：禾本科 （Poaceae）
产地：智利
大小：依靠着其周边树木，以弯曲的姿态生长，可达 10 米高

俗称：
桂竹 （五月季竹、轿杠竹）
拉丁学名：
Phyllostachys reticulata
（异名： *Phyllostachys bambusoides*）
科：禾本科 （Poaceae）
产地：中国，日本也可能有
大小：可达 20 米高

俗称：
毛竹 （楠竹、龟甲竹）
拉丁学名：
Phyllostachys edulis
拉丁语中 *edulis* 一词的意思是其幼芽可食用
科：禾本科 （Poaceae）
产地：中国
大小：可达 28 米高

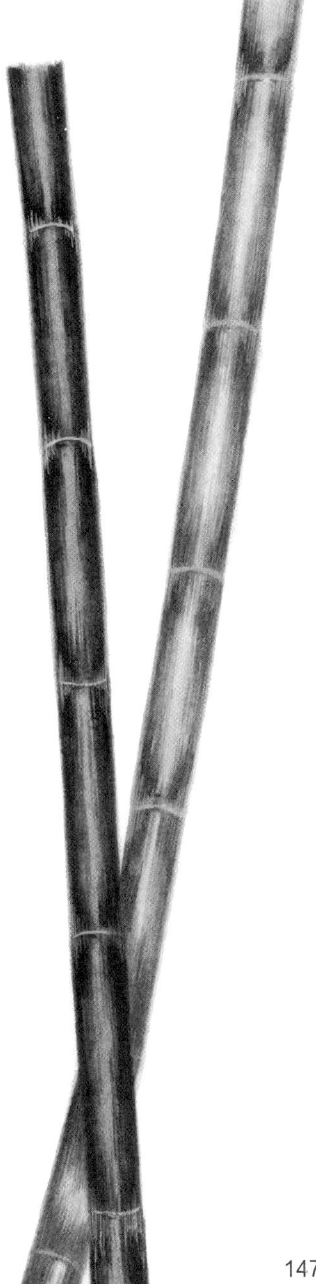

物种地图

这张植物地图展示了植物物种的自然分布，但这并不意味着它们不生长在其他地方。对于某些物种，我们只从中选取了一个代表。

中美洲和南美洲

山羊角
空气凤梨
维氏蛇鞭柱
王莲
智利马兜铃
猴面小龙兰
西番莲
避役藤
蝎尾蕉
龙舌凤梨
鹅毛丘竹
仙钗寄生
皇后凤梨
单花茅膏菜

北美洲

曼陀罗
北美臭菘
花菱草
西番莲
眼镜蛇瓶子草
白果类叶升麻
鳞叶卷柏
瓶子草
捕蝇草

非洲

罂粟
毛犀角
鞭寄生
魔玉
生石花
毛犀角
五十铃玉
蓖麻
好望角茅蒿菜
小冠花盐草
天女

欧洲

水飞蓟
田旋花
药用蒲公英
毛地黄
露松
分枝列当
紫花捕虫堇
夹竹桃
狸藻
秋茄参（曼德拉草）
蜂兰
黄蜂兰
荆豆

大洋洲

飞鸭兰
大猪笼草
匙叶茅膏菜

亚洲

桂竹
毛竹
天仙子
蓟
毒参
木贼
巨魔芋
猪笼草
大花草
圆叶茅膏菜

旅行
记录
手册

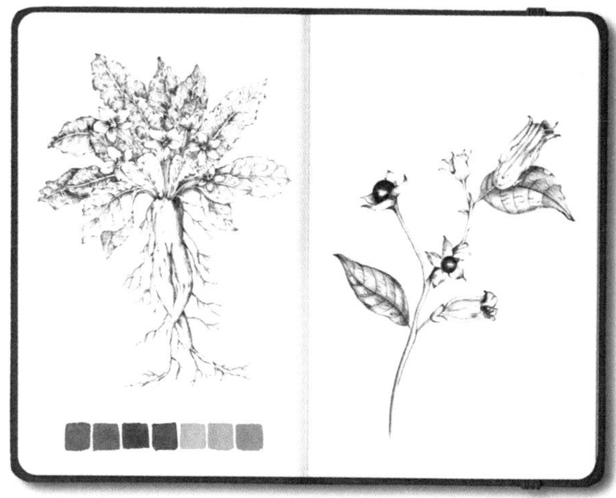

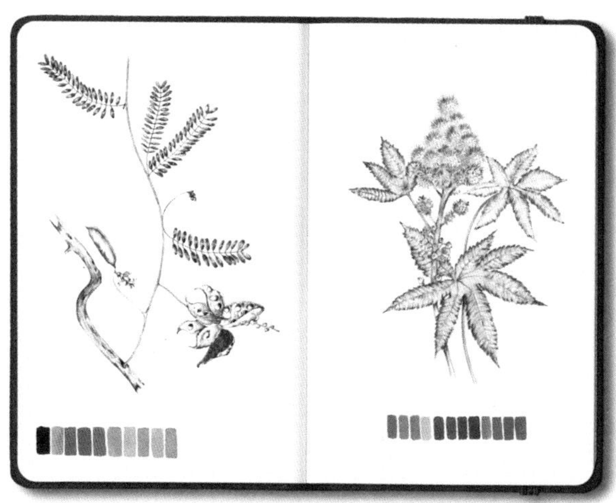

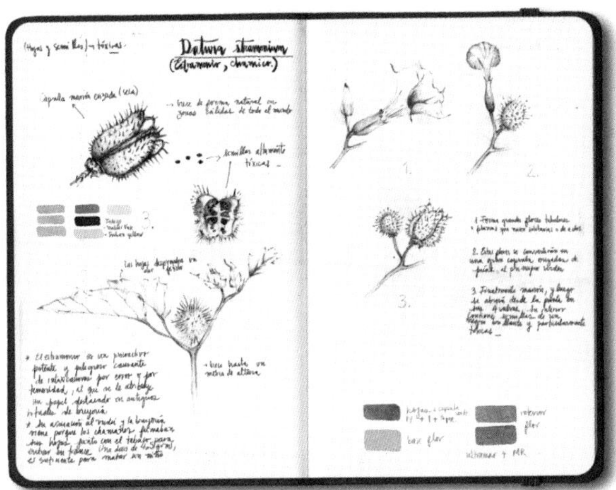
Datura stramonium

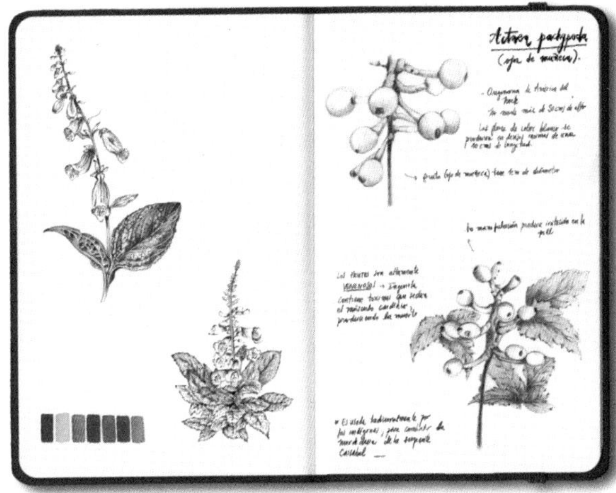
Actaea pachypoda

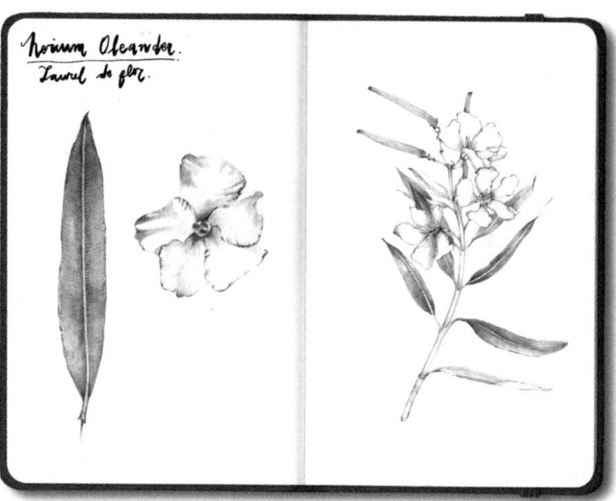
Nerium Oleander.
Laurel de flor.

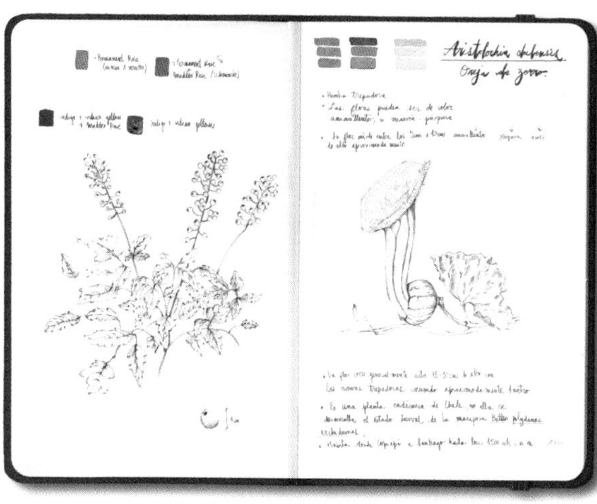

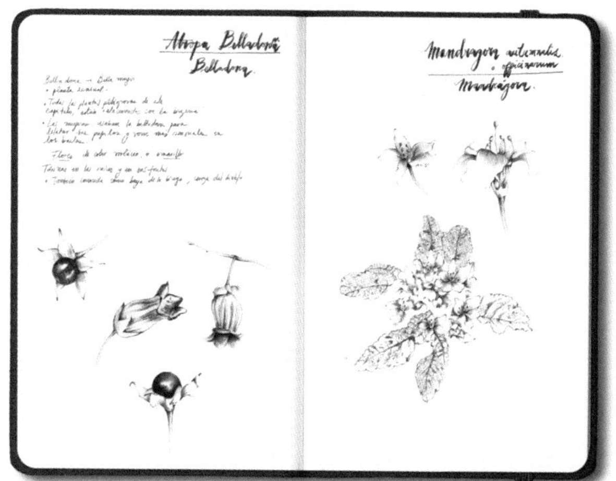

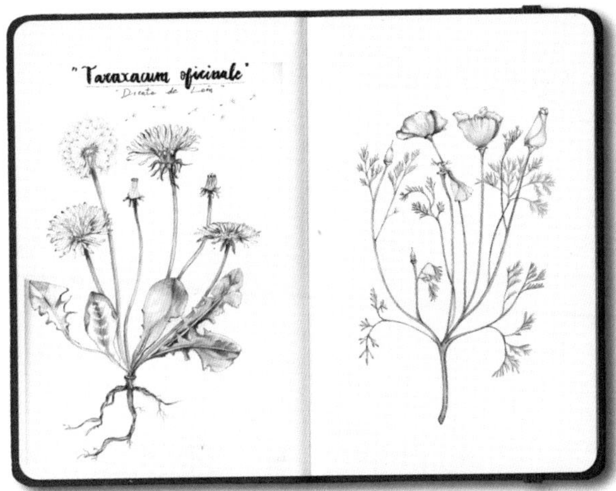
"Taraxacum oficinale"

"Hyoscyamus niger".

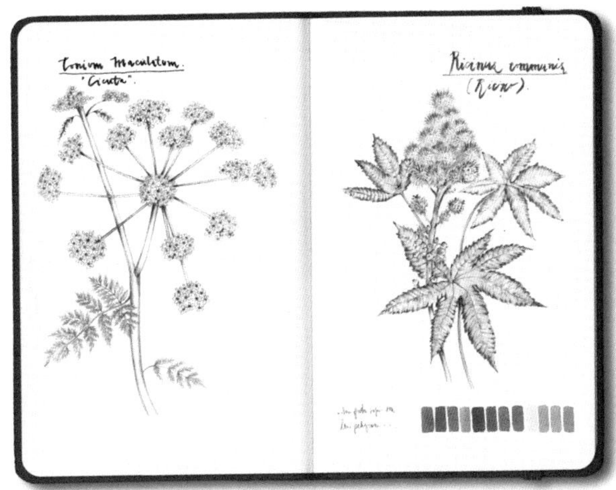

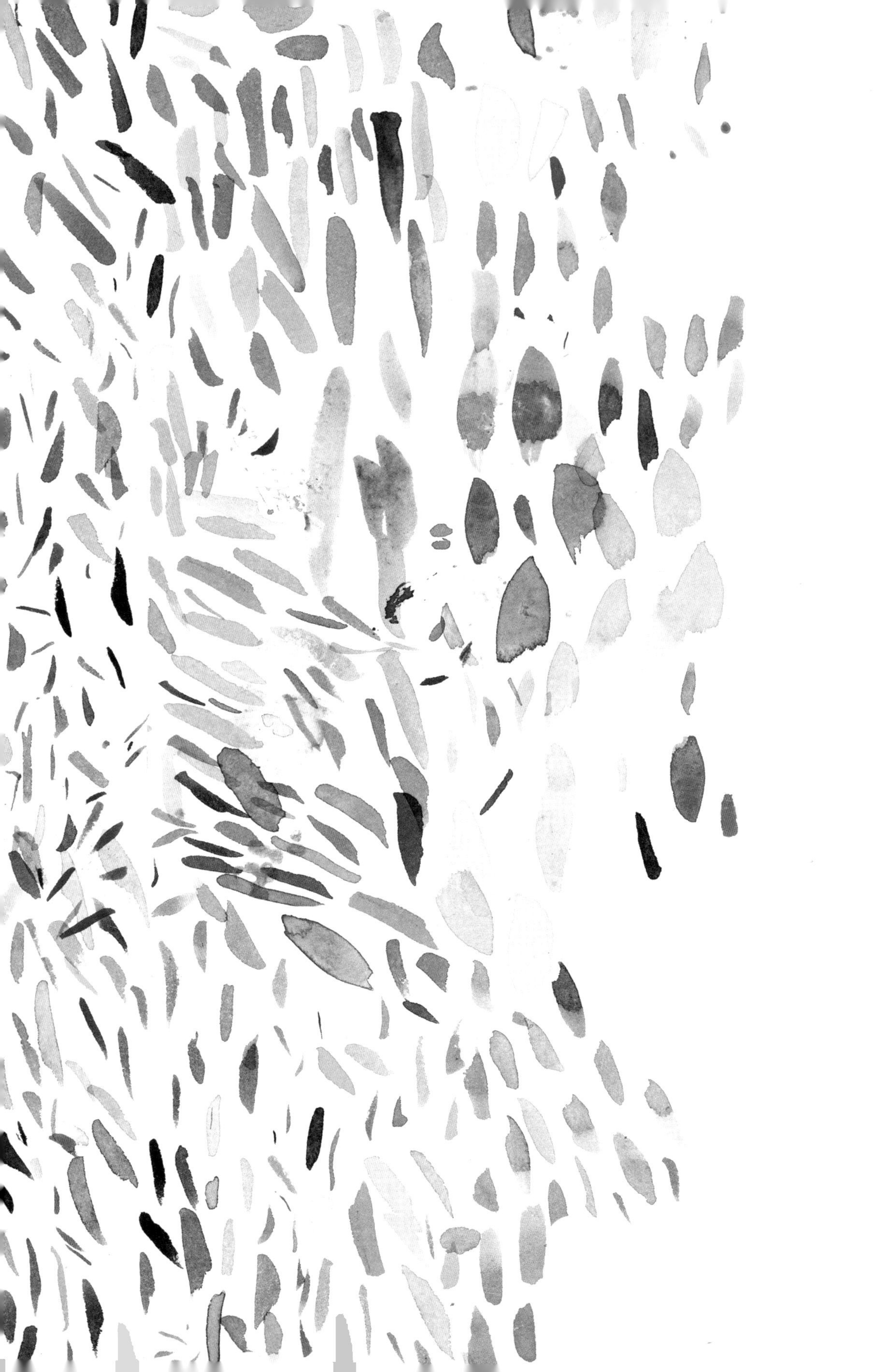

智利粗茎凤梨

Puya chilensis

关于作者

约瑟菲娜·赫普·卡斯蒂洛(Josefina Hepp Castillo)(爱丁堡，英国，1982)，农学家、作家。自然和书籍一直是她生命中的一部分。她曾在智利的南部生活过很长一段时间，置身于郁郁葱葱的森林和花园中。从几年前开始，她被智利北部地区所吸引，那里是全球最干旱的地区之一。为此，她开始研究在极端条件下生存的植物、在迷雾绿洲出现的植物，以及零星降雨后出现在沙漠中央的美妙花朵和它们的种子。作为一名研究员，她参与了一个地中海气候区植物花园项目，同时在一个专门研究阿塔卡玛沙漠的跨学科研究中心任职。此外，她还参加了她老师塞西莉亚·布卡特(Cecilia Beuchat)的故事工坊，投入大量时间进行虚构类和信息类书籍的写作，并多次与科学界和艺术界的其他女性合作。在这本《植物的旅行》中，她负责科学部分以及物种的选择，同时挖掘昔日探险家的路线和故事。她希望有一天能够去到有异域风情的地方，比如纳米布沙漠、南非开普敦、索诺拉、南极洲和索科特拉岛。她在探索生命形式和功能多样性的道路上永不停歇，她热爱我们的星球。

薇薇安·拉文·阿尔马桑（Vivian Lavín Almazán）（圣地亚哥，智利，1967）记者、文学经纪人和编辑。自2001年以来，主持文学广播节目“鹅毛笔飞”（*Vuelan las Plumas*），在节目中她采访了在艺术和科学领域写作和工作的人们。她以这些对话为素材，出版了三本书籍。自2015年以来，她一直致力于开展名为“有记忆的女人”（Mujeres con Memoria）的见面会，探讨人权问题。几年前，她创办了一个文学社（VLP Agency），旨在在世界范围内，尤其是在亚太地区，推广和宣传拉丁美洲那些才华横溢的作家和插画家们的作品。她说，有一天在她的花园里，忽然土中长出了一棵仙树，这是马普切人的圣树，具有深厚的魔法象征意义。她认为这是来自地球母亲的祝福。她和约瑟菲娜·赫普·卡斯蒂洛一起撰写了这本《植物的旅行》的文字部分。曾获2017年智利语言学院奖。

玛利亚·何塞·阿尔赛·莱特里尔(María José Arce Letelier)(圣地亚哥，智利，1978)在完成了建筑学学业之后，她开始专攻插画，在智利和外国进行插画旅行。曾为儿童读物和成人书籍配图。她最喜欢的插画技术是水彩画。她在绘制水彩画的过程中拓展了关于植物插画艺术的知识。儿时起，大自然和花园就是陪伴她的庇护所。她从母亲那里学到了照顾和爱惜植物，并懂得欣赏每株植物的“完美”的美丽。在这本《植物的旅行》中，她负责为收录的植物物种配图，画出它们的美妙姿态或是“聪明行为”。在画笔和水彩的帮助下，她摆脱传统植物插画模式，以个人视角为每种植物配色，绘制出这次色彩斑斓的旅行。她把对植物的观察和所学知识绘制在若干“旅行记录手册”中，并在其中记录了绘制植物所要用到的色彩、植物不同的质感、所需的绘画技巧，还有对于植物神奇行为的注释以及所有那些在与大自然亲切接触中产生的情感。我们亲切地称她为何萨(Josa)，在何萨的画作中，我们总能感受到她对环境的热爱、保护和尊重。现在她全职致力于插画工作，也会在一些绘画工坊分享她的经验。

参考书目

Antoniades, I. 2016. Kew´s Forgotten Queen. TV Movie, BBC 4, UK. 60 minutos.

Bandara, V., Weinstein, S.A., White, J. & M. Eddleston. 2010. A review of the natural history, toxinology, diagnosis and clinical management of *Nerium oleander* (common oleander) and *Thevetia peruviana* (yellow oleander) poisoning. Toxicon 56: 273-281.

Barthlott, W., Porembski, S., Kluge, M., Hopke, J. & L. Schmidt. 1997. *Selenicereus wittii* (Cactaceae): an epiphyte adapted to Amazonian Igapó inundation forests. Plant Systematics and Evolution 206: 175-185.

Barthlott, W., Szarzynski, J., Vlek, P., Lobin, W. & N. Korotkova. 2009. A torch in the rain forest: thermogenesis of the Titan arum (*Amorphophallus titanum*). Plant Biology 11: 499-505.

Bhalla, A., Thirumalaikolundusubramanian, P., Fung, J., Cordero-Schmidt, G., Soghoian, S., Kaur Sikka, V., Singh Dhindsa, H. & S. Singh. 2015. Native Medicines and Cardiovascular Toxicity. The Heart and Toxins. Capítulo 6: 175-202.

Bolin, J.F., Maass, E. & L.J. Musselman. 2009. Pollination Biology of *Hydnora africana* Thunb. (Hydnoraceae) in Namibia: Brood-site mimicry with insect imprisonment. International Journal of Plant Sciences 170: 157-163.

Claessens, J. & J. Kleynen. 2002. Investigations on the autogamy in *Ophrys apifera* Hudson. Jber. naturwiss. Ver. Wuppertal 55: 62-77.

Darwin, C.R. 1875. Insectivorous Plants. London: John Murray. Disponible en http://darwin-online.org.uk/content/frameset?itemID=F1217&viewtype=text&pageseq=1

De Martino, M. 2012. Margaret Mee and the Moonflower. Documental, E.H. Filmes, Brazil. 78 minutos.

Du Plessis, M. 2017. Pollination ecology and the functional significance of unusual floral traits in two South African stapeliads. Tesis de Maestría en Ciencias, Universidad de KwaZulu-Natal. 111 pp.

Echenique, A. & M.V. Legassa. 1999. La flora chilena en la mirada de Marianne North – 1884. Pehuén Editores, Santiago de Chile. 132 pp.

Elgorriaga, A., Escapa, I.H., Rothwell, G.W., Tomescu, A.M.F. & N.R. Cúneo. 2018. Origin of Equisetum: Evolution of horsetails (Equisetales) within the major euphyllophyte clade Sphenopsida. American Journal of Botany 105: 1-18.

Endara, L., Grimaldi, D.A. & B.A. Roy. 2010. Lord of the Flies: Pollination of *Dracula* orchids. Lankesteriana 10: 1-11.

Fernández García, M., Alonso Álvarez, P., Gros Bañeres, B. & V. Bertol Alegre. 1996. Intoxicación por semillas de ricino. Atención Primaria 18(4): 203.

Fuentes, N., Sánchez, P., Pauchard, A., Urrutia, J., Cavieres, L. & A. Marticorena. 2014. Plantas invasoras del Centro-Sur de Chile: Una guía de campo. Laboratorio de Invasiones Biológicas (LIB), Concepción, Chile. Texto disponible en el sitio

web www.lib.udec.cl

García-Franco, J.G. 1996. Distribución de epífitas vasculares en matorrales costeros de Veracruz, México. Acta Botánica Mexicana 37: 1-9.

García-Huidobro, C. 2005. Moneda dura. Gabriela Mistral por ella misma. Catalonia. 302 pp.

Gianoli, E. & F. Carrasco-Urra. 2014. Leaf mimicry in a climbing plant protects against herbivory. Current Biology 24: 984-987.

González Cangas, Y. & M.E. González. 2006. Memoria y saber cotidiano. El florecimiento de la "quila" en el sur de Chile: De pericotes, ruinas y remedios. Revista Austral de Ciencias Sociales 10: 75-102.

Hamuy, M. y J. Maza. 2008. Supernovas. El explosivo final de una estrella. Ediciones B. 132 pp.

Hanuš, L. O., Řezanka, T., Spízek, J. & V. Dembitsky. 2005. Substances isolated from *Mandragora* species. Phytochemistry 66: 2408-2417.

Jerez, J. (2017) Plantas mágicas - Guía etnobotánica de la región de Los Ríos. Ediciones Kultrún. Valdivia, Chile. 415 pp.

Jürgens, A., Wee, S.L., Shuttleworth, A. & S.D. Johnson. 2013. Chemical mimicry of insect oviposition sites: a global analysis of convergence in angiosperms. Ecology Letters 16: 1157-1167.

Kuiter, R.H. 2017. Pollination of *Caleana major* (Orchidaceae) by *Lophyrotoma spp* (Hymenoptera: Pergidae). Aquatic Photographics, Seaford – Short Paper 8.

Lehmann, K.A. 1997. Opioids: overview on action, interaction and toxicity. Support Care Cancer 5: 439-444.

López, T.A., Cid, M.S. & M.L. Bianchini. 1999. Biochemistry of hemlock (*Conium maculatum* L.) alkaloids and their acute and chronic toxicity in livestock. A review. Toxicon 37: 841-865.

Madriñan, S. 2015. Una nueva especie de *Puya* (Bromeliaceae) de los páramos cercanos a Bogotá, Colombia. Revista de la Academia Colombiana de Ciencias Exactas, Físicas y Naturales 39: 389-398.

Medicamentos Herbarios tradicionales – 103 especies vegetales. Ministerio de Salud, Chile. Disponible en www.minsal.cl/mht/

Missouri Botanical Garden. Plant Finder: *Actaea pachypoda*. Disponible en http://www.missouribotanicalgarden.org/PlantFinder/PlantFinderDetails.aspx?kempercode=h520

Morrison, T. (Ed.). 1998. Margaret Mee in search of the flowers of the Amazon Forests. Nonesuch Expeditions, England, UK. 302 pp

Muñoz, A.A. & M.E. González. 2009. Patrones de regeneración arbórea en claros a una década de la floración y muerte masiva de *Chusquea quila* (Poaceae) en un remanente de bosque antiguo del valle central en el centro-sur de Chile. Revista Chilena de Historia Natural 82: 185-198.

NatureGate, portal de identificación de especies silvestres. Artículo sobre *Hyoscyamus niger* (Henbane). Disponible en www.luontoportti.com/suomi/en/kukkakasvit/henbane

NatureGate, portal de identificación de especies silvestres. Artículo sobre *Pinguicula vulgaris* (Grasilla). Disponible en www.

luontoportti.com/suomi/es/kukkakasvit/grasilla

Noé, J.E. 2002. Ethnomedicine of the Cherokee: historical and current applications. Iwu and Wootton (eds.), Ethnomedicine and Drug Discovery. Capítulo 10: 125-131.

Ocampo, J. 2007. Study of the genetic diversity of genus *Passiflora* L. (Passifloraceae) and its distribution in Colombia. Tesis de Doctorado, École Nationale Supérieure Agronomique de Montpellier, Montpellier SupAgro. 268 pp.

Ossa, C.G. 2013. Estructura genética, especialización y ajustes recíprocos asociados en el holoparásito *Tristerix aphyllus*. Tesis de Doctorado, Facultad de Ciencias, Universidad de Chile. 101 pp.

Paniw, P., Salguero-Gómez, R. & F. Ojeda. 2017. Apuntes ecológicos sobre *Drosophyllum lusitanicum* – Una especie singular de planta carnívora. Sociedad Gaditana de Historia Natural. El Corzo, Vol. V: 34-42.

Peng Z, Zhang C, Zhang Y, Hu T, Mu S, et al. (2013) Transcriptome sequencing and analysis of the fast growing shoots of Moso bamboo (*Phyllostachys edulis*). PLoS ONE 8(11): e78944. doi:10.1371/journal.pone.0078944

Pinto, R. 2005. Tillandsia del norte de Chile y del extremo sur de Perú. Ed. FlorAtacama. Iquique, Chile. 135 pp.

Poppinga, S., Weisskopf, C., Westermeier, A.S., Masselter, T. & T. Speck. 2015. Fastest predators in the plant kingdom: Functional morphology and biomechanics of suction traps found in the largest genus of carnivorous plants. AoB Plants. 79 pp. doi: 10.1093/aobpla/plv140

POWO (2019). Plants of the World Online. Facilitated by the Royal Botanic Gardens, Kew. Disponible en http://www.plantsoftheworldonline.org

Prance, G.T. & J.R. Arias. 1975. A study of the floral biology of *Victoria amazonica* (Poepp.) Sowerby (Nymphaeaceae). Acta Amazonica 5: 109-139.

Rice, G. 2012. The flowering of *Symplocarpus*. The Plantsman 54-57.

Riedemann, P., Aldunate, G. & Teillier, S. Flora nativa de valor ornamental: Zona Norte. Santiago, Chile: Ediciones Chagual, 2006, 404 pp.

Rodríguez, R., Marticorena, C., Alarcón, D., Baeza, C., Cavieres, L., Finot, V.L., Fuentes, N., Kiessling, A., Mihoc, M., Pauchard, A., Ruiz, E., Sánchez, P. & A. Marticorena. 2018. Catálogo de las plantas vasculares de Chile. Gayana Botánica 75: 1-430.

SAG, Servicio Agrícola y Ganadero, Gobierno de Chile. 2004. Informativo Fitosanitario N° 10. Vigilancia Fitosanitaria – División de Protección Agrícola. *Orobanche ramosa* L. Disponible en https://www2.sag.gob.cl/agricola/vigilancia/informativo10.pdf

Sajeva, M. y E. Oddo. 2007. Water potential gradients between old and developing leaves in *Lithops* (Aizoaceae). Functional Plant Science and Biotechnology - Global Science Books: 366-368.

Schöner, M.G., Schöner, C.R., Simon, R., Grafe, T.U., Puechmaille, S.J., Ji, L.L. & G. Kerth. 2015. Bats are acoustically attracted to mutualistic carnivorous plants. Current Biology 25: 1911-1916.

Sheridan, P.M. What is the identity of the West Gulf Coast pitcher plant, *Sarracenia alata* Wood? Disponible en http://www.

pitcherplant.org/Papers/What-Is-the-Identity-of-the-West-Gulf-Coast-Pitcher-Plant-Sarracenia-alata-Wood.html

Vadillo, G., Suni, M. & A. Cano. 2004. Viabilidad y germinación de semillas de *Puya raimondii* Harms (Bromeliaceae). Revista Peruana de Biología 11: 71-78.

Van Buren, R., Man Wai, C., Ou, S., Pardo, J., Bryant, D., Jiang, N., Mockler, T.C., Edger, P. & T.P. Michael. 2018. Extreme haplotype variation in the desiccation-tolerant clubmoss *Selaginella lepidophylla*. Nature Communications 9: 1-8.

Veller, C., Nowak, M.A. & C.C. Davis. 2015. Extended flowering intervals of bamboos evolved by discrete multiplication. Ecology Letters 1-7.

Venero J.L. 2013. Nuevo evento de floración de *Puya raimondii* Harms en Pampacorral, Lares, Calca (Región Cusco, Perú). Chloris chilensis 16(2).

Vibrans, H. (ed.). 2009. Malezas de México, Ficha – *Digitalis purpurea* L. Disponible en http://www.conabio.gob.mx/malezasdemexico/scrophulariaceae/digitalis-purpurea/fichas/ficha.htm#9.%20Referencias

Vibrans, H. (ed.). 2009. Malezas de México, Ficha – *Ricinus communis* L. Disponible en http://www.conabio.gob.mx/malezasdemexico/euphorbiaceae/ricinus-communis/fichas/ficha.htm

Zizka, G., Schneider, J.V., Schulte, K. & P. Novoa. Taxonomic revision of the Chilean *Puya* species (Puyoideae, Bromeliaceae), with special notes on the *Puya alpestris-Puya berteroniana* species complex. Brittonia 65: 387-407.

致谢

感谢米盖尔·拉各斯(Miguel Lagos)、马蒂亚斯·阿瓦德(Matías Awad)和智利商会文化公司，他们和我们一起构筑梦想，使得这次旅程得以成行。

感谢劳拉·皮萨罗(Laura Pizarro)的慷慨。

感谢那些教会我们在自己身上发掘自然奇迹的女性。

感谢本哈明·莫雷诺(Benjamín Moreno)、安德烈斯·纳萨尔(Andrés Nassar)和路西阿诺·阿楚拉(Luciano Achurra)陪伴我们进行这次发现之旅。